飞行器制造技术理论与实践创新

徐雪峰 著

U0208382

汕头大学出版社

图书在版编目（CIP）数据

飞行器制造技术理论与实践创新 / 徐雪峰著. -- 汕
头：汕头大学出版社，2018.8
ISBN 978-7-5658-2913-0

Ⅰ．①飞… Ⅱ．①徐… Ⅲ．①飞行器－制造 Ⅳ.
①V47

中国版本图书馆CIP数据核字(2018)第202657号

飞行器制造技术理论与实践创新
FEIXINGQI ZHIZAO JISHU LILUN YU SHIJIAN CHUANGXIN

作　　者: 徐雪峰
责任编辑: 邹　峰
责任技编: 黄东生
封面设计: 中图时代
出版发行: 汕头大学出版社
　　　　　广东省汕头市大学路 243 号汕头大学校园内　　邮政编码：515063
电　　话: 0754-82904613
印　　刷: 廊坊市海涛印刷有限公司
开　　本: 710 mm×1000 mm　1/16
印　　张: 11.5
字　　数: 220 千字
版　　次: 2018 年 8 月第 1 版
印　　次: 2022 年 5 月第 1 次印刷
定　　价: 60.00 元

ISBN 978-7-5658-2913-0

目　录

第一章　绪　论

第一节　航空与航天的基本内涵

航空航天技术是 20 世纪人类在认识自然和改造自然过程中最活跃、发展最迅速、对人类社会生活最有影响的科学技术领域之一，也是证明一个国家科学技术先进性的重要标志。

航空是指在地球周围稠密大气层内的航行活动。航天是指在大气层之外的近地空间、行星际空间、行星附近以及恒星际空间的航行活动。但是，在地面发射航天飞行器或者当航天飞行器返回地面时，都要经过大气层；特别是水平降落的航天飞机，虽然主要活动在大气层之外的空间中，但其降落过程与飞机极为相似，兼有航空和航天的特点。所以从科学技术上看，航空与航天不仅是紧密联系的，有时甚至是难以区分的。航空航天技术一词，既指进行航空航天活动所涉及的科学技术，又指研制航空航天飞行器所涉及的科学技术。

航空航天技术是高度综合的现代科学技术，它们综合运用了基础科学和应用科学的最新成就，应用了工程技术的最新成果。力学、热力学、材料学、电子技术、自动控制理论和技术、计算机技术、喷气推进技术以及制造工艺等科学技术的进步都对航空航天科技的进步和发展发挥着重要作用。上述科学技术在航空航天领域的应用中相互交叉、渗透，产生了一些新的学科，航空航天技术发展中提出的新要求又促进这些学科的发展。

航空航天技术的发展与军事应用密切相关，而其巨大进展对国民经济和社会生活都产生了重大影响。航空航天技术用于军事，使军事装备和军事技术发生了根本性的变化，使战争从平面向立体转化，战争的格局发生巨大变化。飞机在战争中执行拦截、侦察、轰炸、攻击、预警、反潜、电子干扰以及运输、空降等任务。民用航空的发展，改变了交通运输的结构，为人们提供了一种快速、方便、舒适、安全的交通运输工具。飞机和直升机还广泛用于农业作业、森林防火、大地测绘、地质勘探以及在高空进行各种科学研究工作。

航天技术和其他科学技术相结合，开拓了许多新的技术领域。卫星通信成为现代传递信息的重要手段。卫星广播可以对广大地区的公众直接进行电视广播。

卫星导航引起了导航技术的重大变化，实现了全球、全天候、高精度的导航定位。气象卫星、地球资源卫星给人类带来的益处更是显著的。环绕地球运行的航天站（空间站）、航天飞机、行星际和行星探测器等，是人类认识自然、改造自然的先进工具。

第二节　飞行器的分类

在地球大气层内或大气层之外的空间（含环地球空间、行星和行星际空间）飞行的器械通称为飞行器。通常，飞行器可分为三大类：航空器、航天器、火箭和导弹。在大气层内飞行的飞行器，称为航空器，如气球、滑翔机、飞艇、飞机、直升机等。它们靠空气的静浮力或空气相对运动产生的空气动力升空飞行。在大气层之外的空间飞行的飞行器，称为航天器，如人造地球卫星、载人飞船、空间探测器、航天飞机等。它们在运载火箭的推动下获得必要的速度进入太空，然后在引力作用下完成轨道运动。靠火箭发动机提供推进力的飞行器，称为火箭，火箭可以在大气层内，也可以在大气层外飞行。导弹是依靠制导系统控制其飞行轨迹的飞行武器，也就是装有战斗部的可控制的火箭，有主要在大气层外飞行的弹道导弹和装有翼面在大气层内飞行的地空导弹、巡航导弹等。

一、航空器

任何航空器都需要产生升力克服自身重力才能升空飞行。按照产生升力的基本原理，可将航空器分为两大类，即靠空气静浮力升空飞行的航空器（习惯上称为轻于空气的航空器）和靠航空器与空气相对运动产生空气动力升空飞行的航空器（习惯上称为重于空气的航空器）。航空器的分类如图1-1所示。

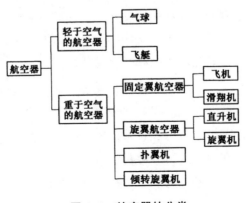

图1-1　航空器的分类

（一）轻于空气的航空器

轻于空气的航空器包括气球和飞艇，主体是一个气囊，其中充以密度小于外界空气密度的气体（如热空气、氢气或氦气），由于气球所排开的空气重量大于气球本身的重量，故静浮力使气球升空。气球没有动力装置，升空后只能随风飘动或被系留在固定位置上。飞艇装有发动机和螺旋桨、安定面和操纵面以及装载人或物的吊舱，飞行路线可以控制。

（二）重于空气的航空器

重于空气的航空器是靠自身与空气相对运动产生的升力升空飞行的。这种航空器主要有两类：固定翼航空器和旋翼航空器。前者包括飞机和滑翔机，后者包括直升机和旋翼机。除了上述两种航空器之外，还有一种为许多工程师和航空爱好者探索研究而至今尚未成功的、模拟鸟类飞行的扑翼机。滑翔机在飞行原理与构造形式上与飞机基本相同，只是它没有动力装置和推进装置，一般由弹射或拖曳升空，然后靠有利的气流（如上升气流）或降低高度（势能转变为动能）继续飞行。旋翼机与直升机的区别是，前者的旋翼没有动力直接驱动，而是靠自身前进时（前进的动力由动力装置提供）相对气流吹动旋翼转动产生升力。

二、航天器

航天器是在稠密大气层之外环绕地球，或在行星际空间、恒星际空间，基本上按照天体力学规律运行的各种飞行器，又称空间飞行器。与自然天体不同的是，航天器可以按照人的意志，改变其运行轨道。航天器可以分为无人航天器和载人航天器。前者可以按照是否环绕地球运行分为人造地球卫星和空间探测器；后者又可分为载人飞船、航天站（空间站）、航天飞机和空天飞机。航天器的分类如图 1-2 所示。

（一）无人航天器

（1）人造地球卫星，简称人造卫星，是由运载火箭发射到一定高度，获得必要的速度，沿一定轨道环绕地球，基本上按天体力学规律运行的一种航天器。按其用途又可分为：用于科学研究的科学卫星，直接为国民经济和军事服务的应用卫星和进行航天技术试验的技术试验卫星等。它们又可按用途再加以细分，例如，应用卫星可分为通信卫星、气象卫星、侦察卫星等。

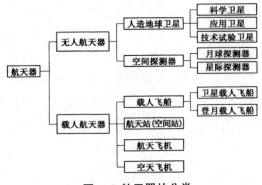

图 1-2 航天器的分类

（2）空间探测器，又称深空探测器，是对月球、行星和行星际空间进行探测的航天器。目前，已发展到探测太阳系之外宇宙空间的探测器。

（二）载人航天器

载人航天器按照飞行和工作情况可分为载人飞船、航天站（空间站）、航天飞机和空天飞机。

（1）载人飞船有卫星载人飞船和登月载人飞船。它们提供航天员在外层空间生活和工作的条件，并能安全返回地面。载人飞船可以独立进行航天活动，也可以作为往返于地面和航天站（或月球）之间的"渡船"。

（2）航天站是可供多名航天员长期生活的航天器。它的运行原理与环绕地球的卫星载人飞船类似，其主要区别是，后者运行时间很短，一般仅能一次使用后返回地面。航天站是供多名航天员巡访、长期工作的航天器。航天站的基本组成部分与乘人飞船类似，但是由于航天员要在航天站内长期地工作，所以要有保障航天员能长期生活和工作的设施。

（3）航天飞机是可以重复使用，往返于地面和近地轨道之间运送有效载荷或在轨道上完成规定活动的航天器。一般可设计成飞机形式，由运载火箭送入轨道，返回地面时可像飞机那样着陆。目前正在探索像飞机那样水平起飞、水平着陆的航天飞机（又称空天飞机）。

三、火箭和导弹

在许多文献中，"火箭"一词有时既指火箭发动机又指以火箭发动机为动力的飞行器。如指前者，可按能源分为化学火箭、核火箭、电火箭；如指后者，可按用途分为无控火箭弹、探空火箭、运载火箭等。导弹是由制导系统控制其飞行轨迹的飞行武器，其特点是带有战斗部。按导弹飞行特点可分为弹道式导弹、巡航导弹和可做高机动飞行的导弹（如地空导弹、空空导弹等）三大类。导弹的动力装置可以是火箭发动机，也可以是涡轮喷气发动机或冲压发动机。每类导弹都可以按用途或射程大小再予以细分。

第三节　航天器的特点

一、航天器的基本系统

航天器由不同功能的若干分系统组成，一般有专用系统和保障系统。前者用于直接执行特定的航天任务，后者则用于保障专用系统的正常工作。

（一）专用系统

专用系统随航天器的任务而异，例如天文卫星的天文望远镜、光谱仪等；侦察卫星的可见光照相机、电视摄像机、无线电侦察接收机等；通信卫星的转发器和通信天线；空间站上供航天员进行各种试验和观测用的各种专用设备等。

（二）保障系统

各类航天器的保障系统是类似的，一般包括下列分系统。

（1）结构系统。用于支承和固定航天器上各种仪器设备，并以骨架结构与外壳结构相连，造成一个密闭的整体，为仪器设备和航天员提供必要的工作和生活环境，还需承受地面运输、发射和空间运行时的各种力学和环境载荷。

（2）热控制系统。热控制系统是用来保障各种仪器设备（或航天员）处于允许的温度环境中。

（3）生命保障系统。生命保障系统用于载人航天器，维持航天员正常生活所必需的设备和条件，其中包括温度、湿度调节，供水供氧、空气净化、废物排除和封存，食品制作、保管和水的再生等。

（4）电源系统。电源系统用来为航天器所有仪器设备提供电能。人造地球卫星多采用蓄电池和太阳能电池阵电源，空间探测器采用太阳能电池阵电源系统或空间核电源，载人航天器则大多采用氢氧燃料电池或太阳能电池阵电源系统。

（5）姿态控制系统。姿态控制系统用来保持或改变航天器的运行姿态。

（6）轨道控制系统。轨道控制系统用来保持或改变航天器的运行轨道。由机动发动机提供动力，通过程序控制装置控制或地面测控站遥控。

（7）返回着陆系统。返回着陆系统用以保障返回型航天器的安全，由伞、着陆装置、标位装置和控制装置等组成。

此外尚需配有无线电测控系统、计算机系统等。

飞行器结构是飞行器各受力部件和支承构件的总称。它像人的躯体一样把飞行器上的有效载荷、控制系统和动力装置等联结成一个整体，形成良好的气动力外形（对航空器），保护其内的人员和所安装的设备。对于飞机来说，称机体，包括机翼、机身、尾翼等；对于导弹来说，称弹体，包括弹翼、弹身、舵面等；对于人造地球卫星来说，称星体，包括壳体和太阳能电池板等。

飞行器各部分的功用不同，结构上也有各自的特点，因此对每个部分的要求也就不同。但它们又都是整体的一个组成部分，有许多共同的地方，因此在结构设计上都应满足以下共同的基本要求。

（1）空气动力要求。保证飞行器具有良好的空气动力外形以及必要的准确度和表面质量。飞行器的气动外形主要是根据飞行器性能要求和飞行品质（操纵性、稳定性等）要求决定的。如果飞行器结构达不到必要的气动要求，将会导致飞行阻力增加，升力降低，飞行性能和飞行品质变坏。空气动力要求不仅航空器要求满足，而且穿过大气飞行的运载火箭和航天器（返回式卫星和载人飞船的返回舱）也要满足。

（2）质量和强度、刚度要求。要保证在足够的强度和刚度条件下，结构质量最轻。强度是指飞行器结构在承受外载荷时抵抗破坏的能力。刚度是指结构在外载荷作用下，抵抗变形的能力。强度不够，会引起结构破坏。刚度不足，不仅会产生过大变形，破坏气动外形，而且在一定的飞行速度下会发生很危险的振动现象。飞行器的结构质量要求，相对于其他地面工程设计来说，有其特殊的意义。因为结构质量的增加，在总质量不变的情况下，就意味着有效载荷的减少，或飞行性能的降低。对于航天器和运载火箭来说，质量问题就更为突出，例如"长征三号"运载火箭的第三级结构质量每增加 1kg，在保证相同的轨道参数条件下，火箭的起飞质量就要增加 135kg。

（3）使用维护要求。要求使用方便，便于检查、维护和修理。在使用过程中要安全、可靠，具有较长的寿命和较强的生存力，并易于储存和保管。

（4）工艺性和经济性要求。要求制造容易，成本低廉，能多快好省地进行生产。同时也要尽量减少使用和维修费用。

二、卫星结构

卫星结构形式因其用途而异，但从功能上看都由承力结构、外壳、安装部件、天线结构、太阳能电池阵、分离连接装置等组成。

（1）承力结构。承力结构与运载火箭相连接，承受发射时火箭的推力，因而需要有很高的强度和刚度，一般由铝合金、钛合金或纤维增强复合材料的薄壁圆柱壳、波纹或蜂窝夹层圆柱或截锥壳与杆件组成。

（2）外壳。外壳是卫星最外层，形成卫星的外表面，也承受一部分外力，起承力构件的作用。外壳的形状可分为球形、多面柱形、锥形和不规则的多面体等。除维持外形外，外壳还应满足容积、热控制、防辐射等要求。其结构形式有半硬壳式、蜂窝结构和夹层结构、整体结构和柔性张力表面结构。

（3）安装部件。安装部件是安装仪器设备，并保证安装精度和防振、防磁、密封等要求的结构，可以是仪器舱式或盘式结构。

（4）天线结构。天线结构为抛物面形，有固定式和展开式。前者的反射面是一个大面积的薄壁构件。为了防止热变形影响天线的电性能，通常用线膨胀系数很小的石墨纤维复合材料制成。可展开式天线有伞式、花瓣式、渔网式和桁架式。

（5）太阳能电池阵。太阳能电池阵可以是直接粘贴在卫星外表面的一组太阳能电池片。有些卫星外壳做成套筒式伸展结构，卫星发射时缩叠，进入空间轨道后外筒伸展，以增加太阳能电池阵的面积。另一种为可伸展开太阳能电池翼（或称太阳能帆板），进入轨道后可伸展成翼状，加大太阳能电池阵的面积。

（6）分离连接装置。卫星在发射时必须可靠地连接在运载火箭上，入轨后又必须可靠地与运载火箭分离。为实现这种功能，采用了专用的分离连接装置。为减少分离时冲击的影响，卫星与火箭之间多采用包带夹块式分离连接装置，用侧向爆炸螺栓解锁。

三、空间探测器结构

空间探测器是在人造地球卫星的基础上发展起来的，由于它对月球或更远的星体进行探测，要承受非常严酷的空间环境条件，因此需采用特殊的防护结构。例如月球探测器要在月球着陆或行走，就要求一些特殊形式的结构。

空间探测器的形式多样，具有与卫星相同的部分，如承力部件、天线、太阳能电池阵结构等；也有一些特殊形式的结构，如探测臂和着陆装置。探测臂往往由可以伸展的杆件组成，它的功能是把有特殊要求的探测仪器伸出探测器本体之外，以免受本体磁场或辐射的干扰，这种探测臂有时也用在卫星上。需要在行星或月球表面着陆的空间探测器采用着陆支架、着陆舱等着陆装置。硬着陆的着陆装置须有良好的缓冲性能。在行星或月球表面上行走的探测器（如自动月球车）则须有挠性轮之类的挠性结构，以适应凹凸不平的表面。

四、载人飞船结构

载人飞船是载人在外层空间生活、工作以执行预定的航天任务并返回地面的航天器。载人飞船一般由轨道舱（又称指挥舱）、服务舱、对接舱、应急舱和乘员返回舱等几部分组成。乘员返回舱是飞船的核心部分，是整个飞船的控制中心，供航天员在上升和返回时乘坐。轨道舱是航天员在轨道上的工作场所，里面有各种实验仪器设备。服务舱通常安装推进系统、电源、气源等设备，对飞船起服务保障作用。对接舱是用来与航天站或其他航天器对接的舱段。应急舱可保障航天员在危急情况下安全返回地面或转移到其他航天器上。

载人飞船与卫星和空间探测器的结构形式有较大区别。早期发射的飞船大多是截锥加上圆柱段，最外面都有防热结构。例如"阿波罗"号飞船的结构由救生塔、指挥舱、服务舱、登月舱等几大部分组成。救生塔是一个桁架式的塔形结构，它的功能是在发射过程出现紧急情况时，使飞船逃离危险区。登月舱是一个极其复杂的特殊结构，供载人登月之用。指挥舱的外形呈圆锥形，是需要返回地面的部分，它的外部由烧蚀材料层和不锈钢蜂窝夹层组成防热外壳。内部是铝蜂窝夹层结构的密封舱体，用多根锻铝纵梁加强。密封舱体为航天员提供可靠的工作环境。服务舱的外壳是一个铝蜂窝夹层的圆柱壳体，舱内有铝合金的径向壁板，用以安装主发动机、燃料和氧化剂箱等设备。载人飞船和返回式卫星在重返大气层时会遇到极高的温度，必须采用特殊的防热结构。

五、航天飞机结构

航天飞机一般由轨道器、助推器、外贮箱 3 部分组成。助推器实际上是两枚固体火箭。外贮箱与火箭贮箱类似。轨道器是返回部分，它是一个类似于飞机的薄壁结构，但增加了特殊的表面防热结构。约 70% 的表面上覆以陶瓷防热瓦，它与烧蚀防热结构不同，可以多次重复使用。轨道器分为前机身、中机身、后机身、机翼、尾翼等几部分。前机身又分为头锥和乘员舱两部分。乘员舱是由铝合金蒙皮和加强桁条焊接而成的密封舱。中机身是一个铝合金半硬壳结构的大型货舱，许多部件都采用了新型复合材料结构。

六、火箭结构

火箭是各个受力和支承构件的总成。它的作用是安装连接有效载荷、仪器设备和动力装置，储存推进剂，承受地面操作和飞行中的外力，维持良好的气动外形，保持火箭的完整性。火箭的结构基本上是一个薄壁圆柱壳体，由蒙皮、纵向和横向的加强件构成。早期火箭有较大的鳍状稳定面和控制面，后来靠改变火箭发动机喷出的燃气流的方向来稳定和控制火箭飞行，箭体上的鳍状面渐被取消。火箭的总体结构安排（又称部位安排）是在方案设计阶段确定的。

（一）液体火箭结构

液体火箭结构一般由头部、头部整流罩、氧化剂贮箱和燃料（燃烧剂）贮箱、仪器舱、级间段、发动机推力结构、尾舱等部分组成（图 1-3，图 1-4），需要分离的部位有分离连接装置。

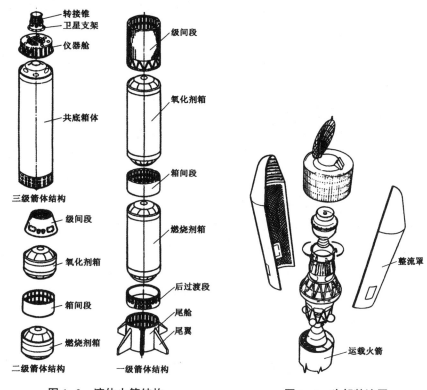

图 1-3 液体火箭结构　　　　图 1-4 头部整流罩

（1）头部。头部位于火箭的顶端，可以是战斗部，也可以是航天器。

（2）头部整流罩。头部整流罩是具有一定刚度的可抛掷薄壁结构，它是卫星或运载火箭末级的包封部件（图 1-4），在大气层内飞行时保护卫星或最后一级火箭，承受气动载荷和热流。整流罩一般具有良好的无线电波穿透性，同时结构质量小，有足够的刚度，在气动外形上具有较小的抖振载荷和迎面阻力。头部整流罩的外形和结构随运载火箭运送的有效载荷大小和形状而异。罩内有足够的空间，以容纳一个或数个卫星或更多的实验物体。头部整流罩通常由两个半扇（或多瓣）形结构沿纵向分离面对合而成。每扇整流罩固定在端部圆周结合面上，一般采用半硬壳结构或复合材料结构。半硬壳结构的骨架承受主要载荷，蒙皮维持光滑的气动外形，并把空气动力传递到骨架上。整流罩的分离系统多采用简单的爆炸螺栓（或爆炸索）与弹簧分离装置组合，也有采用气体分离装置的。

（3）氧化剂贮箱。贮箱占火箭体积的大部分，除了储存推进剂外，还是火箭的承力结构（图1-5）。主要承受轴向载荷、弯矩和内压力。贮箱一般是薄壁结构，壁厚小于或等于箱体曲率半径的1/20，箱壁结构形式取决于载荷类型。主要结构形式有：半硬壳结构，多用于承受大轴向载荷的箱壁；网络结构，多用于承受较小轴向载荷的箱壁；硬壳结构，多用于承受充压载荷的箱壁。为增加结构稳定性，贮箱通常采用充压方式。推进剂贮箱一般采用铝镁或铝铜锌的合金材料，也可以采用不锈钢或其他合金材料制作。箱底外形对贮箱长度影响较大，有椭球形底、修正的椭球形底（椭球与球形的组合）、环球形底（圆环与球形组合）、环锥形底（圆环与圆锥组合）、半球形底等。箱底的结构形式分为两类：单层底多用作贮箱的上、下底；蜂窝夹层底多用作贮箱的共底，将氧化剂与燃料隔开（对于低温推进剂还起隔热作用）。低温推进剂贮箱还需要采取充分的隔热措施，以减少液体蒸发。隔热有多种方法，广泛采用的是泡沫塑料隔热结构，分为贮箱内层隔热和贮箱外层隔热两种形式。此外，还有外层氮气吹除的泡沫隔热结构，用氮气（沸点-269℃）喷吹隔热层与箱壁之间的空间，防止空气冷凝。

（4）仪器舱。仪器舱用以安装飞行控制仪器、遥测仪器和热调节设备等，承受轴向载荷和弯矩。按所处部位不同，仪器舱有截锥和圆筒两种形式。仪器舱多采用半硬壳结构。直径较小的火箭采用整体网络结构。壁板可用铸造、机械铣切、化学铣切等方法制成。然后用螺接、焊接的方法将壁板组装成舱体。为了便于安装检查和操作，在舱体上开有一些舱口，并配有快速连接舱口盖。仪器舱的结构材料一般用普通硬铝、超硬铝、复合材料和钛合金等。仪器通过安装支架或安装座板固定在仪器舱壁的桁条或框上。安装座板一般设计成散热器，以保持正常的工作环境。

（5）级间段。级间段是多级火箭级间的连接部件，其结构形式与分离方式有关。冷分离方式的级间段采用半硬壳结构；热分离方式的级间段可采用合金钢管焊接成形的杆系结构（图1-6），便于上面级发动机燃气流顺畅排出；也可采用开有排气舱口的网络结构。

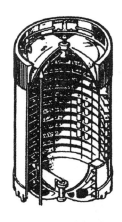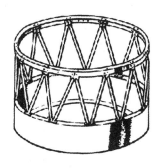

图 1-5　贮箱结构　　　　　图 1-6　级间段杆系结构

（6）发动机推力结构。发动机推力结构是安装发动机并把推力传给贮箱的承力构件（图 1-7）。它还是发动机零、组件的安装支持部件。大型运载火箭发动机推力结构为杆系结构或半硬壳结构，后者有圆筒形和截锥形两种形式，它们能均匀地传递推力。

（7）尾舱。尾舱位于火箭的尾部，是火箭竖立在发射台上的承力构件，又是发动机的保护罩。当火箭有尾翼时，它是尾翼的支持部件。尾舱一般是多开口半硬壳圆筒形（或截锥形）铆接结构。尾舱上如有发射支点，它还承受轴向载荷和侧风引起的弯矩和剪力。发射支点如在火箭的其他部件上，尾舱则只承受在大气层飞行时的空气动力载荷，所以质量较小。尾舱的结构材料一般选用普通硬铝和超硬铝，尾舱底部由于温度较高必须采用防热材料，如耐热不锈钢、石墨、复合材料等。在一些火箭的尾舱上装有 4 个尾翼，用以增加火箭的静稳定性，改善火箭的稳定控制性能。

（二）固体火箭结构

固体火箭结构与液体火箭结构类似，差别在于固体火箭的箭体同时又是发动机的壳体，推进剂装于其内（图 1-8）。固体火箭的运动组件较少，结构简单。固体火箭的比冲和燃烧时间有限，在运载能力相同时固体火箭比液体火箭所需级数多。固体火箭发动机结构由前封头、外壳、装药、喷管装置和后封头等部分组成。封头、外壳和喷管装置构成发动机燃烧室，固体推进剂在其中燃烧。燃烧室能承受 1～20MPa（约 10～200 大气压）高压和 2500～3500K 高温，并具有足够的动强度。前封头上通常装有点火装置。前封头是薄壁结构，用金属制成，形状有球形、椭球形或环-球形。大型固体火箭发动机常分段制造，靠增加段数获得所需的推力，外壳为薄壁壳体，用合金钢、铝合金、复合材料制成。外壳内壁有浸胶石棉布隔热层。外壳外表面也涂有很薄的隔热层，以减小气动加热的影响。喷管装置（单喷管或多喷管）固定或铰接在火箭发动机后封头上，在控制系统操纵下使燃气流偏转，产生控制力矩。喷管装置在高温条件下工作，经受燃烧产物的强烈侵蚀，需要采用耐热材料。

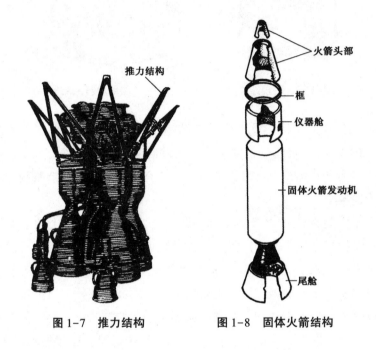

图 1-7　推力结构　　　　　　图 1-8　固体火箭结构

第四节　航天器的材料特点

一般纯金属的机械性能都不太好，只有加入一种或几种金属元素后所形成的合金才具有良好的机械性能。

（1）铝合金。飞行器中应用较早、使用最广泛的是有色轻金属结构材料。它主要是铝与铜、镁和锌的合金。铝合金的密度约为 $2.8g/cm^3$（约为钢的 1/3），具有高的比刚度、断裂韧性和疲劳强度，具有高的耐腐蚀性，有极为良好的低温性能（在 $-183\sim-253℃$ 下不冷脆），且价格低廉，一般适用于在 120℃ 以下长期工作；而耐热硬铝可在 $250\sim300℃$ 的条件下正常工作。

（2）镁合金。镁合金密度很小（1.75～1.9g/cm³），其比强度和比刚度与铝合金和合金钢大致相同。由于所做元件的壁厚大，故十分适宜于制造刚性好的零件。镁合金的机械加工性能优良；但耐腐蚀性较差，必须经过相应的防腐处理后，才能长期可靠地工作。镁合金主要用于制造低承力的零件，一般适用于在120℃以下长期工作，而耐热铸造镁合金则可以在250～350℃范围内长期工作。

（3）合金钢。合金钢包括高强度的结构钢和耐高温、耐腐蚀的不锈钢。高强度合金钢具有较高的比强度，工艺简单、性能稳定、价格低廉，是制造承受大载荷的接头、起落架和主梁等构件的最合适的结构材料；但工作温度一般不超过350℃。不锈钢中一般铬的质量分数均在12%以上，此外还有镍、钼等元素。不锈钢具有良好的耐蚀性，可作为浓硝酸的容器；具有较高的耐热性，可以在480～870℃范围内长期工作；具有优异的超低温性能，可用以制造液氧、液氢的容器。不同种类的不锈钢，其性能也会有所不同。由于不锈钢中合金比例较高，故其价格比结构钢高得多。

（4）钛合金。钛的密度小（4.5g/cm³），钛合金的强度接近于合金钢，因此钛合金具有较高的比强度，用它制造的高压气瓶比用钢制的可减轻50%。钛合金还具有较高的耐热性，工作温度可达400～550℃，在该温度下的比强度明显地优于不锈钢和耐热钢。它具有良好的抗腐蚀性，在潮湿的大气和海水中的抗腐蚀能力优于不锈钢。此外，某些钛合金还具有优良的超低温性能。钛合金的主要问题是加工成形困难，价格比较昂贵。但我国的钛矿资源极为丰富，钛合金有广阔的发展前途。

（5）复合材料。复合材料是由两种或多种材料复合而成的多相材料。复合材料中起增强作用的材料称增强体，起黏结作用的材料称为基体。一般增强体为高强度、高模量的纤维，主要有玻璃纤维、芳纶纤维（又称聚芳酰胺纤维）、硼纤维、碳纤维和石墨纤维等。基体材料则是有一定韧性的低模量的树脂，主要有环氧树脂、聚酰亚胺树脂以及铝合金和钛合金等。复合材料的密度低，比强度和比刚度很高，抗疲劳性能、减震性能和工艺成形性能都很好，并可按结构性能的要求进行设计。不同基体材料的复合材料的耐热性能有所不同：用环氧树脂，温度不超过200℃；用聚酰亚胺树脂，温度在200～350℃；用铝合金，温度在350～500℃；用钛合金，温度可达500～600℃。

玻璃纤维增强塑料（俗称"玻璃钢"）是以玻璃纤维作为增强体，树脂作为基体的复合材料。其比强度约为铝合金的3倍，但弹性模量较低，约为铝合金的50%，因而其应用受到限制。凯芙拉（Kevlar）-49复合材料，是以凯芙拉-49纤维（一种芳纶纤维）作为增强体，树脂作为基体的复合材料。其密度更小（约为玻璃钢的70%），比强度约为强度较高的玻璃钢的1.8倍，比模量约为其2倍，用它制造的固体火箭发动机壳体比玻璃钢轻35%以上。石墨-环氧复合材料是以石墨纤维作为增强体，以环氧树脂作为基体的复合材料。它的比强度超过凯芙拉-49复合材料，模量约为其2倍，用它制造的固体火箭发动机壳体又比凯芙拉-49复合材料轻20%～30%。

陶瓷基复合材料是以陶瓷为基体的复合材料。常用的增强材料有碳化硅、氮化硅、氧化铝的晶须或纤维。基体与增强材料均具有低密度、高强度、高刚度、耐腐蚀、耐高温等特性。增强陶瓷的主要缺点是性脆，而在复合材料中纤维有明显的增韧作用。陶瓷基复合材料在800～1650℃有良好的力学性能。

碳-碳（C/C）复合材料是以碳纤维增强碳基体的复合材料。将碳纤维预制件反复浸渍沥青或合成树脂后，经高温碳化制成，或者用碳氢化合物化学沉积碳制成。在1000～2000℃的高温下，碳-碳复合材料仍有相当高的强度和韧性，其耐热性远高于其他任何高温合金和复合材料。此外，它的热膨胀系数低（只有金属的1/10～1/5），导热性能良好，摩擦特性优异。可用它制造再入大气层的头锥及飞机刹车盘等，刹车盘的寿命是钢烧结材料刹车盘的6～7倍。它的缺点是在高温氧化性气氛中容易氧化，所以需在其表面涂覆耐高温氧化的陶瓷质保护层。

由于复合材料有着非常优越的性能，航空、航天飞行器的结构将越来越多地采用复合材料。

第五节　航天飞行器的工艺特点

航空航天工业是机械制造工业中的一个专门部分。航空航天产品制造包括飞机制造、导弹制造、发动机制造、仪表附件制造、人造卫星制造、飞船制造、航天飞机制造等。它直接反映了工业生产的最高技术水平和能力，又集中应用了科学技术的最新成果。所以，航空航天工业的发展水平，常常是一个国家科学技术发展水平的标志。

随着航天事业的发展，对于航天飞行器的性能提出越来越高的要求。为了满足这些要求，从设计上已采用了各种新的系统、新的设计、新的技术以及各种新型的材料和新的工艺。而先进的工艺技术是实现先进的结构设计、减轻结构质量、保证整体系统可靠性的重要基础。

一、要满足飞行器质量轻的要求

质量轻是航天飞行器性能中的一个重要指标。减轻飞行器结构质量，可以大大提高飞行器的性能和降低总的发射成本。以"阿波罗"指挥舱为例，如果能减轻质量 30% 则能多载 907kg 的仪器设备，或能提供宇航员在月球周围多生活几个星期的生活用品。对于使用 100 次的航天飞机而言，减轻 1kg 的质量，可以节省 90 万美元。为了要满足飞行器质量轻的要求，在飞行器的结构设计中采用了新型结构材料，从而带来新的工艺特点。例如非金属复合材料的比相对体积质量很小，一般在 1~2 之间。因此，谋求非金属复合材料结构代替现有金属结构的飞行器已越来越多地得到了应用。而复合材料的工艺特点是分为初次制造工艺（纤维与树脂组成复合材料的制造过程）和二次制造工艺（产品的成形、机加、连接、表面处理等制造过程），一般均比金属材料困难。这是因为它的毛坯就是原材料——纤维本身，而纤维很硬、很脆并耐磨，因此加工困难。对于两种不同性能材料组合的结构件则加工更为困难。

复合材料的另一重要工艺特点是不像金属材料那样，它的材料性能不是预先知道的，而是要根据结构的具体要求，在设计、制造时加以确定。所以，存在一个"材料设计"的问题。这是因为复合材料与金属材料在结构上有很大的不同，它是由纤维和基体两种性能完全不同的材料组合，而且还将不同纤维方向的单向层交叉铺叠而成。因此，严格说来复合材料本身已是一种比较复杂的"结构"。工艺上采用不同的纤维体积分数、各层纤维方向、厚度、层数、交叉排列次序等，可使材料的力学性能和物理性能有很大的差异。

二、要满足飞行器机械性能的要求

为提高飞行器结构自然频率（以避免与运载器自然频率、姿控系统频率相接近）和结构的抗压稳定强度（飞行器主要承受发射轴压载荷），都要求材料的弹性模量尽量高。为适应高温（再入飞行器）和低温（低温容器）条件下的强度要求，同时增加有效载荷，要求材料的比强度尽量高。为了满足飞行器高模量、高强度的要求，飞行器也越来越多地采用钛合金和钨、铂、铌、钽等难熔合金，从而带来新的工艺特点。

以应用较广的钛合金为例，它的成形、切削加工、焊接、热处理均有它自己的工艺特点。

成形特点：一般均需采用加热成形（550~650℃）。这是因为钛在室温下不仅不易成形，即使成形其性能反比铝、镁、钢均差。其主要原因是因为强度高，冲压压力要求高。因为塑性性能差，塑性变形范围小，屈服极限与破坏极限相差不大，不易控制，弹性变形范围大，回弹大，不易达到要求的尺寸和形状，对表面缺陷比较敏感，易产生裂缝。

切削加工特点：一般采用低的切削速度，大的进给量和适当的切削深度，使刀刃离开表面硬化层，在切削时不中断进给运动，并正确选择刀具的材料和刀具的几何形状。

焊接特点：钛在高温下易受空气污染，同时晶粒粗大，冷却过快，易呈脆性，这些特点均使焊接质量下降。一般说，α 合金焊接性能优于 $\alpha+\beta$ 合金，而 β 合金基本上不宜用作熔焊。所以，一般钛合金焊接时均需采用惰性气体保护，以防空气污染。焊后做真空退火来消除应力。

热处理特点：钛合金在加工过程及加工后，常做各种热处理，以改善工艺性能和机械性能。主要有消除应力退火的热处理（约在 650℃ 以下），再结晶退火（750～850℃），以提高塑性；淬火及时效处理，以强化合金。但对 α 合金，因在高温时无 β 组织，不能做淬火及时效处理。

三、要满足飞行器物理性能的要求

这里，飞行器结构件的尺寸稳定性问题是飞行器工艺中必须解决的一个重要工艺课题。

以热膨胀性能来说，对于飞行器高微波天线反射器结构，最重要的准则是尺寸精度。据称其增益损失为 684 $(\sigma_{RMS}/\lambda)^2$（λ 为波长，σ_{RMS} 为天线与理想抛物面的均方根偏差）。因此，在空间温度交变的条件下，保持天线尺寸的稳定性，就是一个最重要的问题。又例如对于航天相机的镜筒结构件，为了使光学镜头玻璃与镜筒结构件组合不产生应力问题（其间隙仅为微米量级），要求光学镜头和镜筒两者不同材料热膨胀系数相近。除了复合材料之外，钛合金的热膨胀系数与光学镜头玻璃的热膨胀系数相近（微米量级）。是航天飞行器物理性能对飞行器制造工艺要求的一个特点。其他诸如导热性能、比热性能、导电性能等对飞行器的工艺也提出一些相应的要求。例如通信卫星转发器结构件的镀金工艺，它既要求保证导热性能以满足温控要求，同时要保证导电性能以满足电性能要求，还要保证防腐蚀性能以满足长寿命环境要求。而目前我国尚无这样的宇航镀金工艺标准。

四、要满足飞行器空间性能的要求

航天飞行器由一系列部件构成，这些部件只有在适当的温度环境中，才能有效、可靠地工作。但飞行器在空间要经历从在月球或地球阴影中的零下100多摄氏度，到在日照直射下高至100多摄氏度以上的飞行温度环境，它的工作时间从几天到长达几年之久。可见，建立航天飞行器的温度平衡系统是必需的。这就是航天飞行器独有的新的系统，通称温控系统。温控系统从设计上讲有被动温度控制和主动温度控制。被动式温控：依靠选取合适的热控材料和合理的总装布局来处理航天器内外的热交换过程，该方式没有自动调节温度的能力，但简单可靠，是热控的主要手段。主动式温控：当航天器外热流或内热源发生变化时，自动调节其内部设备温度。在被动温度控制中涂层工艺非常关键。为了给航天飞行器准备一种适当的涂层，其工艺上难度很大，即这种涂层必须具备特殊的光学和电学性质，而且必须在空间环境中保持这种性质。对温控涂层工艺来讲，重要的是要保证 α_S/ε_H 的值（α_S 为太阳光吸收率，ε_H 为红外辐射率），为了获得不同的 α_S/ε_H 值，可采用多种涂层工艺。

（1）未涂的金属表面。为了获得稳定的、重复的表面辐射性质，需要对表面进行处理。一般用喷砂和抛光来处理。喷砂一般可使表面的 $\alpha_S/\varepsilon_H=1$，抛光处理使 α_S/ε_H 值提高。

（2）涂漆工艺。其特点是此类涂层工艺热辐射性质可控范围大，性能重复好，成本低工艺简单，所以这种工艺应用最为广泛。如返回式卫星的表面涂层。根据所使用的溶剂或称黏合剂又可以分为有机和无机两大类涂层。

（3）电化学涂层工艺。其特点是利用电化学原理，使金属表面改变结构，或镀上所需要的金属。这一类有阳极氧化、电镀等涂层工艺。如探测卫星星体蒙皮涂层。

（4）蒸发沉积涂层工艺。其特点是在真空中使金属或电介质蒸发，并沉积到被涂表面形成金属膜或电介质膜，以满足所需要的温控表面。如太阳电池的温控涂层。

（5）第二表面镜涂层工艺，也称光学太阳反射器（OSR）。它是由于航天飞行器需要有很低的 α_S/ε_H 值（可小于0.1）、高稳定性的涂层而新发展的涂层工艺。它的特点是在对可见光透明的薄片（或薄膜）的背面（第二表面）镀上一薄层具有高反射率的金属银、铝。这样的组合，使 α_S/ε_H 值极低，接近于纯金属银或铝的 α_S，可达 $0.06\sim0.1$，而反射率 ε_H 则因底材薄片或薄膜对红外辐射是不透明的，因此 ε_H 值可达 0.8 左右。第二表面镜的空间稳定性取决于底材，一般用石英玻璃片或透明塑料膜作为底材，并用银或铝真空沉积在第二表面上。这类涂层国外已成功用于通信卫星上。

（6）自控涂层工艺。其特点是当表面温度升高时此类涂层表面本身的反射率也提高，或当用作飞行器外表面时其 α_S 下降，可自动地调节表面的温度。这种自控涂层工艺有单色辐射性质不变的自控涂层，有单色辐射性质随温度变化的自控涂层。后者又有单色辐射率曲线随温度变化而移动的涂层工艺；变色涂层工艺，这种涂层随温度而变化；相变涂层工艺，这种涂层工艺的特点是涂层与底材的热辐射性质复合起作用。

五、要满足飞行器高精度的要求

以自旋稳定来控制其空间运行姿态的通信卫星，要实现其同步定点的要求，跟踪测轨的高精度要求使得卫星的质量特性参数严格地限制在某个测试精度范围。例如要保证卫星的几何轴线与其惯性主轴的夹角在零点零几度的高精度范围，以限制它在空间的进动和章动，从而保证其稳定的姿态，这在工艺上是较大的技术难题。为此，提出测试星体质量特性（动平衡和转动惯量的测试）的动平衡机要求噪声极小，以获得机器的高敏感量，卫星的刚度之差，横向强度之低，使其自旋转速很低，必须提高动平衡机支承系统的刚度，使其弹性系统的固有频率大于卫星测试转速的 3 倍以上，以满足卫星自旋转速趋于更低的特点。由于航天飞行器独有的超低转速（$20\sim80r \cdot min$），促使超低频、立式、硬支承高精度宇航动平衡机的诞生。其他诸如陀螺、太阳角计、红外地平仪等姿控敏感测量元件在卫星中的安装精度及其检测工艺技术都是飞行器高精度对工艺提出的要求。

六、要满足飞行器高可靠的要求

除了采用高可靠元件带来的电子元部件的高可靠工艺外，对整星结构来说，最主要的是要确保姿控系统执行机构的高可靠密封性。由于整星的系统泄漏率要求在 $1\times10^{-5}Pa \cdot m^3/s$（对通信卫星来讲）以上，而且在系统内不允许有大于 $50\mu m$ 的任何硬颗粒存在。否则将使系统泄漏而导致卫星工作的失败（国际通信卫星已有先例）。对工艺来讲，除了要提供一个洁净的（100 级以上）净化环境条件之外，清洗工艺和焊接工艺是保证系统具有高可靠性的主要因素。因为管路的所有接头（一颗通信卫星有 100 个以上的接头），包括焊接接头要求一次焊成，不允许切断重焊，以免导致产生大于 $50\mu m$ 的硬颗粒掉入系统而不能保证整星的密封性。尤其对采用不脱装的姿控管路系统，在整星状态下进行焊接，由于受到空间位置的限制，这种焊接是困难的。为此，就要求采用先进的能确保焊接一次成功的焊接新工艺，以及选择合理的焊接参数。例如对钛合金管路的焊接采用高频感应钎焊、全位置焊接等新工艺。

七、要满足飞行器长寿命的要求

为了满足飞行器长寿命的要求，对有密封要求的窗门结构件和起基准作用的薄壁大尺寸框类结构件（例如通信卫星中的铝合金中框，厚 2mm，最大直径1.5m，要求不平度小于0.2mm，椭圆度小于0.5mm）要保证在 $-20\sim50℃$ 使用温度范围内，几年之内保持尺寸稳定，就必须采取有效的稳定化处理工艺。目前通常对铝合金薄壁大尺寸框件在工序间采用两次冰冷处理（即冷热交变稳定处理），经 3 个月的实测数据表明几何精度保持不变，但对在空间几年工作后的尺寸稳定性尚缺乏数据。其次，对涂层工艺而言，要考虑长时间空间环境（如辐照和热冲击）对涂层性能的影响，就要从材料和工艺上设法保持和提高 α_S 和 ε_H 值的工艺稳定性。对长寿命卫星的姿控管路系统，致命的要害是系统内"微观多余物"的控制，以及整星泄漏率的检漏技术的可靠性。对胶接工艺而言，主要是胶黏剂的寿命试验和胶接结构耐辐照等空间环境的模拟试验技术的可靠性。

根据飞行器的工艺特点和我国的国情及现状，近期内航天飞行器的工艺发展前景，应重点考虑以下几点：复合材料工艺、胶接工艺、数控技术、热成形工艺、温控涂层工艺、焊接工艺、记忆合金工艺、质量特性测试技术、检测技术的应用和发展。

综上所述，航天飞行器的工艺特点是由飞行器的性能及其所选用的材料决定的。为了满足飞行器各种性能的要求，工艺上要采取相应的新工艺、新技术、新设备以及新的工艺方法和检测方法。因为工艺技术是航天飞行器研制的基础，只有不断完善和提高航天工艺技术水平，才能适应新型航天飞行器的需要。但工艺技术的发展还要结合我国的国情，有针对性地重点发展急需的工艺技术，以加速发展我国的航天事业。

飞行器制造工艺是一门综合性的技术应用科学，是研究机械加工过程中工艺过程的规律，以及合理选择过程参数和控制这些参数的方法和手段的科学，即研究制造过程的本质、相互联系和发展规律的科学。和一般机器制造一样，航空航天产品制造过程大致可分为毛坯制造、零件的机械加工、装配和试验 4 个阶段。

飞行器制造工艺是研究零件的机械加工工艺过程的学科，是产品制造工艺的重要组成部分，它以一般机械制造工艺为基础，同时又有自己的特点。这些特点是由航空航天产品本身及其生产的特点以及航空航天技术发展的要求所决定的。

现代航空、航天产品的特点，主要表现在下列几个方面：

（1）零件和整机的制造质量要求非常高，技术要求、特种技术条件等要求严格。

（2）零件的构形复杂、壁薄，刚度低。

（3）使用的材料品种多，质量要求高，其中包括难加工的钛合金、耐热钢、耐热合金等。

（4）采用各种高效率的先进工艺方法和手段，如高能粒子加工、超精加工等，工艺过程细致而严密。

（5）要求有高度的专业化和广泛的协作关系。

（6）产品经常变动而产量不大。

现代航空航天产品的制造是一个极其复杂的过程，它所涉及的面很广，由于问题的综合性和实践性，因此，一方面必须深入总结和利用现有的丰富实践经验，另一方面更需要进行大量科学实验和研究，并结合运用有关部门的最新科学成就，以解决制造过程中的问题并优化整个生产系统，进一步推进国防科学的现代化。

学习本课程时，应该联系已修的基础课、技术基础课和专业基础课程，并应联系实际，注意有关科学技术的成就和发展，掌握工艺分析、工艺计算、工艺设计和工艺实验的基本技能和方法，培养综合解决工艺问题的独立工作能力。

第二章 飞行器制造装备设计研究

飞行器制造工艺过程是一个十分复杂的生产过程，所使用装备的类型很多，既要利用普通的机械制造装备，又必须利用一些专用的制造装备。总体上可划分为加工装备、工艺装备、储运装备和辅助装备 4 大类。机械制造装备的基本功能是保证加工工艺的实施、节能、降耗、优化工艺过程，并使被加工对象达到预期的功能和质量要求。

第一节 飞行器制造装备概述

一、机械制造装备类型

（一）加工装备

加工装备是机械制造装备的主体和核心，是采用机械制造方法制作机器零件或毛坯的机器设备，又称为机床或工作母机。机床的类型很多，除了金属切削机床之外，还有锻压机床、冲压机床、注塑机、快速成型机、焊接设备、铸造设备等。

1. 金属切削机床

金属切削机床是采用切削、特种加工等方法，主要用于加工金属，使之获得所要求的几何形状、尺寸精度和表面质量的机器。机床可获得较高的精度和表面质量，完成 40%～60% 甚至 60% 以上的加工工作量。金属切削机床品种繁多，为了便于区别、使用和管理，需从不同角度对其进行分类。

（1）按机床工作原理和结构性能特点分类。我国把机床划分为：车床、钻床、镗床、磨床、齿轮加工机床、螺纹加工机床、铣床、刨插床、拉床、特种加工机床、切断机床和其他机床 12 大类。其中特种加工机床包括电加工机床、超声波加工机床、激光加工机床、电子束和离子束加工机床、水射流加工机床；电加工机床又包括电火花加工、电火花切割和电解加工机床。特种加工机床可解决用常规加工手段难以解决甚至无法解决的工艺难题，能够满足国防和高新科技领域的需要。

（2）按机床使用范围分类。可把机床分为通用机床、专用机床和专门化机床。

①通用机床（又称万能机床）。通用机床可加工多种工件，完成多种工序，是使用范围较广的机床，如万能卧式车床、万能升降台铣床等。这类机床的通用程度较高，结构较复杂，主要用于单件、小批量生产。

②专用机床。用于加工特定工件的特定工序的机床，如主轴箱的专用镗床。这类机床是根据特定工艺要求专门设计、制造与使用的，因此生产率很高，结构简单，适于大批量生产。组合机床是以通用部件为基础，配以少量专用部件组合而成的一种特殊形式的专用机床。

③专门化机床（又称专业机床）。用于加工形状相似尺寸不同工件的特定工序的机床。这类机床的特点介于通用机床与专用机床之间，既有加工尺寸的通用性，又有加工工序的专用性，如精密丝杠车床、凸轮轴车床等，生产率较高，适于成批生产。

为了使设计、制造及管理部门对机床品种有计划地发展和管理，便于用户的订货和管理，需要规范机床型号，我国现行的《金属切削机床型号编制方法》，适用于各类通用、专门化及专用机床（组合机床另有规定）。机床型号是由类（12 类）代号、组系代号、主参数以及特性代号等组成。其中特性代号包括：高精度（G）、精密（M）、自动（Z）、半自动（B）、数控（K）、加工中心（自动换刀 H）、仿型（F）、轻型（Q）、加重型（C）和简式（J）等。

（3）按机床精度分类。同一种机床按其精度和性能，又可分为普通机床、精密机床和高精度机床。此外，按照机床质量大小又可分为仪表机床、中型机床、大型机床、重型机床和超重型机床等。

2. 锻压机床

锻压机床是利用金属塑性变形进行加工的一种无屑加工设备。主要包括锻造机、冲压机、挤压机和轧制机 4 大类。

锻造机是使坯料在工具的冲击力或静压力作用下成形，并使其性能和金相组织符合一定要求。按成形的方法可分为自由锻造、胎模锻造、模型锻造和特种锻造，按锻造温度不同可分为热锻、温锻和冷锻。冲压机是借助模具对板料施加外力，迫使材料按模具形状、尺寸进行剪裁或变形。按加工时温度的不同，可分为冷冲压和热冲压。冲压工艺具有省工、省料和生产率高的突出优点。挤压机是借助于凸模对放在凹模内的金属材料挤压成形，根据挤压时温度不同，可分为冷挤压、温挤压和热挤压。挤压成形有利于低塑性材料成形，与模锻相比，不仅生产率高，节省材料，而且可获得较高的精度。轧制机是使金属材料在旋转轧辊的作用下变形，根据轧制温度可分为热轧和冷轧，根据轧制方式可分为纵轧、横轧和斜轧。

（二）工艺装备

工艺装备是产品制造过程中所用各种工具的总称，包括刀具、夹具、模具、测量器具和辅具等。它们是贯彻工艺规程、保证产品质量和提高生产率等的重要技术手段。

（1）刀具。能从工件上切除多余材料或切断材料的带刃工具称为刀具，工件的成形是通过刀具与工件之间的相对运动实现的，因此，高效的机床必须同先进的刀具相配合才能充分发挥作用。切削加工技术的发展与刀具材料的改进以及刀具结构和参数的合理设计有着密切联系。刀具类型很多，每一种机床，都有其代表性的一类刀具，如车刀、钻头、镗刀、砂轮、铣刀、刨刀、拉刀、螺纹加工刀具、齿轮加工刀具等。刀具种类虽然繁多，但大体上可分为标准刀具和非标准刀具两大类。标准刀具是按国家或部门制定的有关"标准"或"规范"制造的刀具，由专业化的工具厂集中大批量生产，占所用刀具的绝大部分。非标准刀具是根据工件与具体加工的特殊要求设计制造的，也可将标准刀具加以改制而实现，过去我国的非标准刀具主要由用户厂自行生产，随着专业化生产的发展和服务水平的提高，所谓非标准刀具也应由专业厂根据用户要求提供，以利于提高质量，降低成本。

（2）夹具。夹具是机床上用以装夹工件以及引导刀具的装置，对于贯彻工艺规程、保证加工质量和提高生产率有着决定性的作用。夹具一般由定位机构、夹紧机构、导向机构和夹具体等部分构成，按照其应用机床的不同可分为车床夹具、铣床夹具、钻床夹具、刨床夹具、镗床夹具、磨床夹具等；按照其专用化程度又可分为通用夹具、专用夹具、成组夹具和组合夹具等。通用夹具是已经规格化、标准化的夹具，主要用于单件小批量生产，如车床夹盘，铣床用分度头、台钳等；专用夹具是根据某一工件的特定工序专门设计制造的，主要用于有一定批量的生产中。

（3）测量器具。测量器具是以直接或间接方法测出被测对象量值的工具、仪器及仪表等，简称量具和量仪。测量器具可分为通用量具、专用量具和组合测量仪等。通用量具是标准化、系列化和商品化的量具，如千分尺、千分表、量块以及光学、气动和电动量仪等。专用量具是专门用于特定零件的特定尺寸而设计的，如量规、样板等，某些专用量规通常会在一定范围内具有通用性。组合测量仪可同时对多个尺寸测量，有时还能进行计算、比较和显示，一般属于专用量具，或在一定范围内通用。数控机床的应用大大简化了生产加工中的测量工作，减少了专用量具的设计、制造与使用；测试技术与计算机技术的发展，使得许多传统量具向数字化和智能化方向发展，适应了现代生产技术的发展。

（4）模具。模具是用以限定生产对象的形状和尺寸的装置。按填充方法和填充材料的不同，可分为粉末冶金模具、塑料模具、压铸模具、冲压模具、锻压模具等。数控技术和特种加工技术的发展，促进了模具制造技术的发展，也促进了少切削、无切削技术在生产制造中的广泛应用。

（三）物料储运装备

物料储运装备是生产系统必不可少的装备，对企业生产的布局、运行与管理等有着直接影响。物料储运装备主要包括物料运输装置、机床上下料装置、刀具输送设备以及各级仓库及其装备。

（1）物料运输装置。物料运输主要指坯料、半成品及成品在车间内各工作站（或单元）间的输送，满足流水生产线或自动生产线的要求。主要有传送装置和自动运输小车两大类。传送装置的类型很多，如由辊轴构成流动通道，靠重力或人工实现物料输送；由刚性推杆推动工件做同步运动的步进式输送带；在两工位间输送工件的输送机械手；链式输送机带动工件或随行夹具做非同步输送等。用于自动线中的传送装置要求工作可靠、定位精度高、输送速度快、能方便地与自动线的工作协调等。与传送装置相比，自动运输小车具有较大的柔性，通过计算机控制，可方便地改变输送路线及节拍，主要用于柔性制造系统中。可分为有轨和无轨两大类。前者载质量大、控制方便、定位精度高，但一般用于近距离直线输送；后者一般靠埋入地下的制导电缆等进行电磁制导，也采用激光制导等方式，输送线路控制灵活。

（2）机床上下料装置。将坯料送至机床的加工位置的装置称为上料装置，加工完毕后将工件从机床上取走的装置称为下料装置，它们能缩短上下料时间，减轻工人劳动强度。机床上下料装置类型很多，有料仓式和料斗式上料装置、上下料机械手等。在柔性制造系统中，对于小型工件，常采用上下料机械手或机器人，大型复杂工件采用可交换工作台进行自动上下料。

（3）刀具输送设备。在柔性制造系统中，必须有完备的刀具储备与输送系统，完成包括刀具储备、输送及重磨刀具回收等工作，刀具输送常采用传输臂、机械手等，也可采用自动运输小车对备用刀库等进行输送。

（4）仓储装备。机械制造生产中离不开不同级别的仓库及其装备。仓库是用来存储原材料、外购器材、半成品、成品、工具、夹具等，分别进行厂级或车间级管理。现代化的仓储装备不仅要求布局合理，而且要求有较高的机械化程度，减小劳动强度，采用计算机管理，能与企业生产管理信息系统进行数据交换，能控制合理的库存量等。自动化立体仓库是一种现代化的仓储设备，具有布置灵活、占地面积小和自动化、方便计算机控制与管理等优点，具有良好的发展前景。

（四）辅助装备

辅助装备包括清洗机、排屑设备和包装设备等。清洗机是用来对工件表面的尘屑油污等进行清洗的机械设备，能保证产品的装配质量和使用寿命，应该给予足够重视，可采用浸洗、喷洗、气相清洗和超声波清洗等方法，在自动装配中应能分步自动完成。排屑装置用于自动机床、自动加工单元或自动线上，包括切屑清除装置和输送装置。清除装置常采用离心力、压缩空气、冷却液冲刷、电磁或真空清除等方法；输送装置有带式、螺旋式和刮板式等多种类型，保证铁屑输送至机外或线外的集屑器中，并能与加工过程协调控制。

二、机械制造装备设计要求

机械制造装备设计工作是设计人员根据市场需求所进行的构思、计算、试验、选择方案、确定尺寸、绘制图样及编制设计文件等一系列创造性活动的总称。其目的是为新装备的生产、使用和维护提供完整的信息。设计工作是一切产品实现的前提，设计质量的优劣直接影响产品的质量、成本、生产周期及市场竞争能力，产品性能的差异首先是设计差异，据统计，产品成本的60%取决于设计。机械制造装备设计工作要适应科学技术的飞速发展及市场竞争的日趋激烈，要采用先进的设计技术，设计出质优价廉的产品。机械制造装备的类型很多，功能各异，但设计工作的总体要求是精密化、高效化、自动化、机电一体化，向成套设备与技术方向发展，不断增加品种、缩短供货周期以及满足工业工程和绿色工程的要求等。

（1）精密化。随着科学技术的发展和市场竞争的加剧，对产品性能的要求越来越苛刻，对其制造精度的要求越来越高。为此机械制造装备必须向精密化方向发展，全面采取提高精度的技术措施。一方面全面提高零件的加工精度、压缩零件的制造公差；另一方面要采用高精度的装置，如滚珠丝杠、滚动导轨等。同时还要采取各种误差补偿技术，以便提高其几何精度、传动精度、运动精度、定位精度。为了保证在高速、高负荷下保持加工精度，必须提高机械制造装备的刚度、抗振性，以及低温升和热稳定性。为了提高精度保持性，还必须重视零件的选材和热处理，以便提高相对运动表面的硬度、减少磨损，同时还要优化运动部件间的间隙、合理润滑和密封、降低磨损、提高精度保持性和工作可靠性，适应自动化和智能化控制的要求。

（2）高效化。不断提高生产效率，一直是机械制造装备设计所追求的目标。生产率通常是指在单位时间内机床、加工单元或生产线所能加工的工件数量，为此必须缩短加工一个工件的平均总时间，其中包括缩短切削加工时间、辅助时间以及分摊到每个工件上的准备时间和结束时间。为了提高切削速度、缩短切削时间，必须采用先进刀具，提高机床及有关装备的强度、刚度、高速运转平稳性、抗振性、切削稳定性等性能，适应高效化的要求；同时在自动化加工的前提下，提高空行程及调整运动速度，使加工时间与辅助时间相重合，采用自动测量技术和数字显示技术等，缩短辅助时间。此外，采用适应控制和智能控制也是提高高效化水平的有效措施。

（3）柔性自动化。机械制造装备实现自动化，可以减少加工过程的人工干预，可以保证加工质量及其稳定性，同时提高加工生产率和减轻工人劳动强度。机械加工自动化有全自动化和半自动化之分，全自动化是指能自动完成上料、卸料和加工循环的全过程，半自动化加工中的上下料需人工完成。实现自动化控制和运行的方法，可分为刚性自动化和柔性自动化两类。刚性自动化是指传统的凸轮和挡块控制，工件发生改变时必须重新设计凸轮及调整挡块，调整困难，因此只能适合于传统的大批量生产，已逐渐被现代化的柔性自动化技术所代替。柔性自动化是由计算机控制的生产自动化，主要有可编程逻辑控制和计算机数字控制。可编程逻辑控制主要用于形状简单的零件加工控制和生产过程控制，计算机数字控制用于复杂形状零件的加工控制和复杂的生产过程控制。计算机数字控制与可编程逻辑控制相结合，实现了单件小批量生产的柔性自动化控制。数控机床、加工中心、计算机直接数控（DNC）、柔性制造单元（FMC）和柔性制造系统（FMS）以及计算机集成制造（CIM），使柔性自动化技术不断向前发展，正在改变着机械制造行业生产自动化的面貌。在计算机数字控制的基础上，生产自动化技术不断向智能化方向发展。适应控制能在数控机床上根据实际工作条件（如切削力、变形、振动等）的变化，及时自动地改变切削用量（切削速度、吃刀深度和进给速度），使加工过程处于最佳状态，实现最优化加工质量控制和最优化生产率控制。

（4）机电一体化。为了实现机械制造装备的精密化、高效化和柔性自动化，其构成上必须是机电一体化，即实现机械技术，包括机械结构与传动、流体传动、电气传动同微电子技术和计算机技术等有机结合、整体优化，充分发挥各自的特点，组成一个最佳的技术系统，使得机械制造装备进一步减小体积、简化结构、节约原材料，以提高传动效率，提高可靠性。

（5）结构模块化。为了适应机电产品更新换代周期加快的要求，机械制造装备也要加快更新换代周期，不断推出新产品，满足市场不断变化的需求，为此必须采用先进的设计技术，提高设计效率与质量。在众多先进设计技术中，模块化设计技术显得尤为重要。一方面，通过不同模块的组合，可以快速获得不同性能的众多产品，最大限度地增加产品类型、降低生产成本，缩短新产品设计与制造周期，满足市场需求；另一方面，可方便地对结构模块进行更新，加快机械制造装备的更新换代。实践表明，绝大多数成功的机械制造装备产品，大都采用模块化结构。

（6）装备与技术配套化。我国的机械制造装备的制造企业必须改变过去只注重提供单机的状况，应向提供配套装备与相关技术的方向发展，包括与机床相关的工艺装备和物料储运装备，还应进一步提供包括生产组织、工艺方法及工艺参数在内的全套加工技术，真正在机械制造行业中起到"总工艺师"的作用。

（7）符合工业工程要求。工业工程是通过生产技术与管理的有机结合，对由人员、物料、设备、能源和信息所组成的系统进行设计、改善和实施的一门综合科学。现代工业工程充分应用计算机、运筹学和系统工程等先进技术，能采用定量分析方法，科学准确地对大型生产系统进行设计与分析，对其工作效率和成本等进行全面优化。产品设计要符合工业工程的要求，其内容包括在产品开发阶段，要充分考虑产品的结构工艺性，提高标准化和通用化水平；采用最佳工艺方案，选择合理的制造装备，尽可能地减少原材料及能源消耗；合理进行机械制造装备的总体布局，优化操作步骤和方法，提高工作效率，同时减轻体力劳动；对市场和消费者进行调查研究，保证产品正确的质量标准，减少因质量标准制定得过高而造成的不必要浪费等。

（8）符合绿色工程要求。绿色工程是一个注重环境保护、节约资源、保证可持续发展的工程。根据绿色工程要求，企业必须纠正过去那种不惜牺牲环境和消耗资源来增加产出的错误做法，使经济发展更多地与地球资源与承受能力达到有机协调。按绿色工程要求设计的产品称为绿色产品，绿色产品设计在充分考虑产品功能、质量、开发周期和成本的同时，优化各有关设计要素，使产品从设计、制造、包装、运输、使用到报废处理的整个生命周期中，对环境影响最小，资源利用效率最高。绿色产品设计中应考虑的问题很多，如产品材料的选择应是无毒、无污染、易回收、易降解、可重用；产品制造过程应充分考虑对环境的保护、资源回收、废弃物的再生和处理、原材料的再循环、零部件的再利用等。原材料再循环的成本一般较高，应考虑经济上、结构上和工艺上的可行性。为了使零部件能再利用，应通过改变材料、结构布局以及零部件的连接方式等改善和实现产品拆卸的方便性和经济性。

机床宜人性是指为操作者提供舒适、安全、方便、省力等劳动条件的程度。机床设计要布局合理、操作方便、造型美观、色彩悦目，符合人机工程学原理和工程美学原理，使操作者有舒适感、轻松感，以便减少疲劳、避免事故，提高劳动生产率。机床的操作不仅要安全可靠，方便省力，还要有误动作防止、过强保护、极限位置保护、有关动作的连锁、切屑防护等安全措施，切实保护操作者和设备的安全。机床工作中要低噪声、低污染、无泄漏、清洁卫生，符合绿色工程要求等。应该指出，在当前激烈的市场竞争中，机床的宜人性具有先声夺人的效果，在产品设计中应该给予高度重视。机床产品的成本是指寿命周期成本，包括制造成本和使用成本，是评价机床产品的重要指标。一般说来，机床成本的80%左右在设计阶段就已经确定，为了尽可能地降低机床成本，机床设计工作应在满足用户需求的前提下，努力做到结构简单，工艺性好，方便制造、装配、检验与维护；机床产品结构要模块化，品种要系列化，尽量提高零部件的通用化和标准化水平。在机床设计中，必须充分注意机床产品的评价指标以及用户的具体要求，技术先进、经济合理，即质优价廉的机床，提高机床在国内外市场上的竞争力。

（9）机床工艺范围。机床工艺范围是指机床适应不同生产要求的能力。一般包括在机床上完成的工序种类、工件的类型、材料、尺寸范围以及毛坯种类等。根据机床的工艺范围，可将机床设计成为通用机床、专门化机床和专用机床三种不同类型。机床工艺范围要根据市场需求及用户要求合理确定。不仅需考虑单个机床的工艺范围还要考虑生产系统整体，合理配置不同机床以及确定各自工艺范围，以便追求系统优化效果。

三、机械制造装备产品设计方法

(一) 机械制造装备产品设计类型

机械制造装备产品的设计工作可分为新产品设计和变型产品设计两大类。

(1) 新产品设计。新开发的或在性能、结构、材质、原理等某一方面或几个方面具有重大变化的，以及技术有突破创新的产品，称为新产品。新产品开发设计是指从市场调研到新产品定型投产的全过程。因此新产品设计一般需要较长的开发设计周期，投入较大的工程量。企业要在激烈的竞争环境中"生存、发展并扩大竞争优势"，必须要适时地推出具有竞争力的新产品，要做到生产一代，研制一代，构思一代，根据市场需求预测，采用知识创新和技术创新手段，开发设计具有高技术附加值的自主知识产权的新产品。

(2) 变型产品设计。在现有产品基本工作原理和总体结构不变的基础上，仅对部分结构、尺寸或性能参数加以改变的产品，称为变型产品。变型产品的开发设计周期较短，工作量和难度较小，设计效率和质量较高，可以对市场做出快速响应。变型设计的基础是现有产品，它应是工作可靠、技术成熟和性能先进的产品，将其作为"基型产品"，以较少规格和品种的变型产品来最大限度地满足市场的各种需求。

(二) 机械制造装备新产品开发设计内容与步骤

机械制造装备新产品开发设计内容与步骤的基本程序包括决策、设计、试制和定型投产4个阶段。JBITS055-91推荐了3种模式，即：第一种模式的工作程序比较全面完整，适用于精度较高或较复杂的、重要的或批量生产的新产品；其余两种模式的工作程序有所简化，适用于单件小批量生产的产品，或一次性生产的大型产品及专项合同产品。可根据生产类型、产品复杂程度、产品设计类型等情况，适当调整工作程序和内容。

(1) 决策阶段。该阶段是对市场需求、技术和产品发展动态、企业生产能力及经济效益等进行可行性调查研究，分析决策开发项目和目标。主要内容如下：

①市场调研和预测。根据用户需求，收集市场和用户信息，预测产品发展动态和水平比较，提出新产品市场预测报告。

②技术调查分析。国内外同类产品的结构特征、性能指标、质量水平与发展

趋势，对新产品的设想（包括使用条件、环境条件、性能指标、可靠性、外观、安装布局及应执行的标准或法规等），对新采用的原理、结构、材料、技术及工艺进行分析，确定需要的攻关项目和先行试验等，提出技术调查报告。

③可行性分析。对新产品设计和生产的可行性进行分析，并提出可行性分析报告，包括产品的总体方案、主要技术参数、技术水平、经济寿命周期、企业生产能力、生产成本与利润预测等。

④开发决策。对上述报告组织评审，提出评审报告及开发项目建议书，供企业领导决策，批准立项。

（2）设计阶段。该阶段要进行设计构思计算和必要的试验，完成全部产品图样和设计文件。它又分为初步设计、技术设计和工作图设计三个阶段的设计工作。

①初步设计。初步设计是完成产品总体方案的设计。按 ZB/TJ01035.5 规定，初步设计包括：编制技术任务书（通用产品）或技术建议书（专用产品），确定产品的基本参数及主要技术性能指标，总体布局主要部件结构，产品主要工作原理及各工作系统配置，标准化综合要求等。必要时进行试验研究，提出试验研究报告。对初步设计进行评审，通过后可作为技术设计的基础。

②技术设计。技术设计是设计、计算产品及其组成部分的结构、参数，并绘制产品总图及其主要零、部件图样的工作。在试验研究、设计计算及技术经济分析的基础上修改总体设计方案，编制技术设计说明书，并对技术任务书中确定的设计方案、性能参数和结构原理等变更情况、原因与依据等予以说明。技术设计中的试验研究是对主要零部件的结构、功能及可靠性进行试验，为零部件设计提供依据。在技术设计评审通过后，其产品技术设计说明书、总图、简图、主要零部件图等图样与文件，可作为工作图设计的依据。

③工作图设计。工作图设计是绘制产品全部工作图样和编制必需的设计文件的工作，以供加工、装配、供销、生产管理及随机出厂使用，要严格贯彻执行各级各类标准，要进行标准化审查和产品结构工艺性审查。工作图设计又称为详细设计或施工设计。

（3）试制阶段。该阶段通过样机试制和小批试制，验证产品图样、设计文件、工艺文件和工装图样等的正确性，以及产品的适用性和可靠性。

①样机试制。首先要编制产品试制的工艺方案和工艺规程等，试制 1～2 台样机后，经试验、生产考验后进行鉴定，提出改进设计方案，对设计图样和文件进行修改定型。

②小批试制。小批试制 5～10 台，为批量生产做工艺准备，根据鉴定及试销后的质量反馈，进一步修改有关图样和文件，完善产品设计。

（4）定型投产阶段。该阶段是完成正式投产的准备工作，对工艺文件、工艺装备定型，对设备和检测仪器进行配置、调试和标定等，要求达到正式投产条件，具备稳定的批量生产能力。

（三）机械制造装备设计的方法

设计技术是指在设计过程中解决具体问题的各种方法和手段。随着社会的进步，人类的设计活动经历了直觉设计阶段、经验设计阶段、半理论半经验设计（传统设计）阶段。自 20 世纪中期以来，随着科学技术的发展和各种新技术的出现，使机械制造装备产品的功能和结构日趋复杂，市场竞争日益激烈，传统的设计方法和手段已难以满足市场需求和产品设计的要求。随着计算机科学及应用技术的发展，一系列先进的设计技术在机械制造装备设计中得到广泛应用。机械制造装备设计的方法主要包括系列化设计、模块化设计、类比与相似设计、计算机辅助设计、优化设计、可靠性设计等。

1. 系列化设计

（1）系列化设计的概念

市场对产品的要求是多种多样的，不可能用单一规格的产品去满足市场的需求，需要设计和制造出尺寸规格、功率参数和精度等各不相同的一系列产品投放市场。产品的系列化就是指同一品种或同一形式设备的规格按最佳数列科学排列，以最少的品种满足最广泛的需要。

系列化设计方法是在设计的某一类产品中，选择功能、结构和尺寸等方面较典型的产品为基型，以它为基础，运用结构典型化、零部件通用化、标准化的原则，设计出其他各种尺寸参数的产品，构成产品的基型系列。在产品基型系列的基础上，同样运用结构典型化、零部件通用化、标准化的原则，增加、减去、更换或修改少数零部件，派生出不同用途的变型产品，构成产品派生系列。编制反映基型系列和派生系列关系的产品系列型谱。在系列型谱中，各规格产品应有相同的功能结构、相似的结构形式；同一类型的零部件在规格不同的产品中具有完全相同的功能结构；不同规格的产品，同一种参数按一定规律（通常按等比级数）变化。

例如，为满足国民经济不同部门对机床的要求，国家根据机床的生产和使用情况，在调查研究的基础上，规定了每一种通用机床的主规格（主要参数），称为主参数系列，这是一个等比级数的数列。如中型卧式车床的主参数是床身上工件最大回转直径，其系列为 250mm、320mm、400mm、500mm、630mm、800mm、1000mm 7 种规格，该系列是公比为 1.25 的等比数列。由于各使用部门的工件和生产规模不同，对机床性能和结构的要求也就不同，因此，同一规格的一类机床，还需要具备各种不同的形式，以满足各种各样的要求。通常是按照该类机床的参数标准，先确定一种用途最广、需要量较大的机床系列作为"基型系列"，在此系列基础上，根据用户的需要派生出若干变型机床，形成"变型系列"。"基型"和"变型"构成了机床的"型谱"。

系列化设计应遵循"产品系列化、零部件通用化、零部件标准化"原则，简称"三化"原则。"三化"之间有着密切的联系，零部件通用化依赖于产品系列化，而零部件通用化和零部件标准化又推动产品系列化。只有产品系列化才能使零部件通用化和零部件标准化具有可靠的基础。有时将"结构的典型化"作为第四条原则，即所谓的"四化"原则。

（2）系列化设计的优缺点

系列化设计的优点有：

①可以较少品种规格的产品满足市场较大范围的需求。减少产品品种意味着提高每个品种产品的生产批量，有助于降低生产成本、提高产品制造质量的稳定性。

②系列中不同规格的产品是依据经过严格性能试验和长期生产考验的基型产品演变和派生而成的，可以大大减少设计工作量，提高设计质量，减少产品开发的风险，缩短产品的研制周期。

③产品有较高的结构相似性和零部件的通用性，因而可以压缩工艺装备的数量和种类，有助于缩短产品的研制周期，降低生产成本。

④零部件的种类少，系列中的产品结构相似，便于进行产品的维修，改善售后服务质量。

⑤为开展变型设计提供技术基础。

系列化设计的缺点是：为以较少品种规格的产品满足市场较大范围的需求，每个品种规格的产品都具有一定的通用性，满足一定范围的使用需求，用户只能在系列型谱内有限的一些品种规格中选择所需的产品，选到的产品，一方面其性能参数和功能特性不一定最符合用户的要求，另一方面有些功能还可能冗余。

（3）系列化设计的步骤

①主参数和主要性能指标的确定。

系列化设计的第一步是确定产品的主参数和主要性能指标。主参数和主要性能指标应最大限度地反映产品的工作性能和设计要求。例如普通车床的主参数是在床身上的最大回转直径，主要性能指标之一是最大的工件长度；升降台铣床的主参数是工作台工作面的宽度，主要性能指标是工作台工作面的长度；摇臂钻床的主参数是最大钻孔直径，主要性能指标是主轴中心线至立柱母线的最大距离等。上述参数决定了相应机床的主要几何尺寸、功率和转速范围，因而决定了该机床的设计要求。

②制定参数标准。

经过技术和经济分析，将产品的主参数和主要性能指标按一定规律进行分级，制定参数标准。产品的主参数应尽可能采用优先数系。优先数系是公比为 $\sqrt[N]{10}$，$N=5$、10、20 或 40 的等比数列。例如，普通车床和升降台铣床的主参数系列公比为 1.25，其系列为 250、320、400、500、630、800、1000；摇臂钻床的主参数系列公比为 1.58，其系列为 25、40、60、100、160。

主参数系列公比如选得较小，则分级较密，有利于用户选到满意的产品，但系列内产品的规格品种较多，上述系列化设计的许多优点得不到充分利用；反之，则分级较粗，系列内产品的规格品种较少，可带来上述系列化设计的许多优点，但为了以较少的品种满足较大使用范围内的需求，系列内每个品种产品应具有较大的通用性，导致结构相对复杂，成本有所提高，对用户来说较难选到称心如意的产品。因此必须对市场、设计、制造和经销作为一个系统来进行全面的调查研究，经过技术经济分析，才能正确地确定最佳的参数分级。简单来说，产品的需求量越大，要求的技术性能越要准确，参数分级应越密；反之，参数分级可粗些。

③制订系列型谱。

系列型谱通常是二维甚至多维的，其中一维是主参数，其他维是主要性能指标。通过系列型谱的制订，确定产品的品种、基型和变型、布局，各产品品种的技术性能和技术参数等。在系列型谱中，结构最典型、应用最广泛的是所谓的"基型产品"，进行产品的系列设计通常从基型产品开始。

在制订系列型谱过程中，应周密地策划系列内产品零部件的通用化和标准化。通用化是指同一类型、不同规格或不同类型的产品中，部分零部件彼此相互适用。标准化是指使用要求相同的零部件按照现行的各种标准和规范进行设计和制造。

系列型谱内的产品是在基型产品的基础上经过演变和派生而扩展成的，扩展的方式有纵系列、横系列和跨系列扩展 3 类：

a. 纵系列产品。纵系列产品是一组功能、工作原理和结构相同，而尺寸和性能参数不同的产品。纵系列产品一般应综合考虑使用要求及技术经济原则，合理确定产品主参数和主要性能参数系列。如主参数和主要性能指标按优先数系选择，能较好地满足用户要求且便于设计。

b. 横系列产品。横系列产品是在基型产品基础上，通过增加、减去、更换或修改某些零部件，实现功能扩展的派生产品。例如在普通车床基础上开发的为加工轴承套圈的无尾架短床身车床，为加工大直径工作的马鞍形车床等。

c. 跨系列产品。跨系列产品是采用相同的主要基础件和通用部件的不同类型产品。例如通过改造坐标镗床的主轴箱部件和部分控制系统，可开发出坐标磨床、坐标电火花成形机床、三坐标测量机等不同类型产品，即跨系列产品。其中机床的工作台、立柱等主要基础件及一些通用部件适用于跨系列的各种产品。

2. 模块化设计

（1）模块化设计的概念

模块化设计是指通过对一定范围内不同功能结构，或相同功能结构而性能不同的产品进行功能分析，从而划分并精心设计出一系列功能模块，通过对这些模块的选择和不同的组合来构成具有不同功能结构和性能的多种产品，以满足市场的不同需求。这类模块是具有一定功能的零件、组件和部件，模块的结构与外形设计要考虑不同模块组合时的协调性，模块上具有特定的连接表面和连接方法，以保证相互组合的互换性和精确度。

模块化设计是产品设计合理化的另一条途径，是提高产品质量、降低成本、加快设计进度、进行组合设计的重要途径。模块也应该用系列化设计原理进行，即每类模块具有多种规格，其规格参数按一定的规律变化，而功能结构则完全相同，不同模块中的零部件尽可能标准化和通用化。

（2）模块化设计的优点

采用模块化设计方法开发产品的优缺点类似系列化设计方法，在缩短新产品开发周期、提高产品质量、降低成本和加强市场竞争能力方面的综合经济效果十分明显。除此之外，模块化设计尚有如下优点：

①根据科学技术的发展，便于用新技术设计性能更好的模块取代原有旧的模块，提高产品的性能，组合出功能更完善、性能更先进的组合产品，加快产品的更新换代。

②采用模块化设计，只需更换部分模块，或设计制造个别模块和专用部件，

便可快速满足用户提出的特殊订货要求，大大缩短设计和供货周期。

③模块化设计方法推动了整个企业技术、生产、管理和组织体制的改革。由于产品的大多数零部件由单件小批生产性质变为批量生产，有利于采用成组加工等先进工艺，有利于组织专业化生产，既提高质量，又降低成本。

④模块系统中大部分部件由模块组成，设备如发生故障，只需更换有关模块，维护修理更为方便，对生产影响小。

（3）模块化设计的步骤

①明确任务。为了能以最少的模块组合出数量最多、总功能各不相同的产品，需要对市场需求进行深入调查，对所有欲实现的总功能加以明确，摒弃市场需求很少而又需要付出很大设计和制造代价的那些总功能。

②建立功能结构。待实现的总功能可由多个具有分功能的模块组合而成。如何划分模块是模块化产品设计中的关键问题。模块种类少，通用化程度高，加工批量大，对降低成本较有利。但每个模块需满足更多的功能和更高的性能，其结构必然复杂，组成的每个产品的功能冗余必然也多，整个模块化系统的结构柔性化程度也必然低。设计时应对功能、性能和成本等各方面因素进行全面分析，才能合理地划分模块。

划分模块的出发点是功能分析。根据产品的总功能分解为分功能、功能元，求相应的功能模块，再具体化为生产模块。功能模块是从满足技术功能的角度来确定，因此它可以通过模块的相互组合来实现各种总功能结构。生产模块则不是根据其功能，而纯粹是从制造的角度来确定的。

分功能包括基本功能、辅助功能、特殊功能和附加功能等几类，相应地建立基本模块、辅助模块、特殊模块、调整模块和非标模块等，如图2-1所示。

基本模块实现系统中最基本的功能，是反复使用和不可缺少的，它可能仅有一种参数规格，或者有多种参数规格，有时还可有不同的精度级别。

辅助模块的用途是实现模块间的连接，通常为连接元件和接头。辅助模块必须按基本模块和其他模块的参数规格开发，在组合产品中是必不可少的。

特殊模块完成某些特殊的、补充的和设计任务书特别要求的功能，它不一定在其他组合产品中出现，通常是基本模块的一个附件。

调整模块是为了适应其他系统和边界条件，模块某些结构尺寸是不确定的，可随着边界条件的变化加以调整。

非标模块是为某个具体任务单独开发的，以解决模块化系统有时满足不了一些意想不到的功能要求，与标准模块构成所谓的"混合系统"。

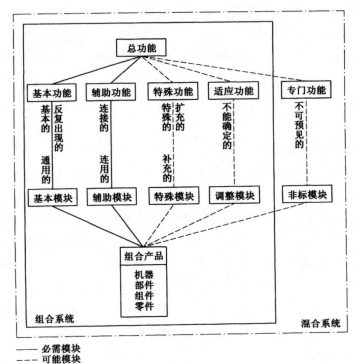

图 2-1　模块分类

　　现以车床为例进行模块的划分。首先通过市场需求的分析，明确任务，绘出如图 2-2 所示的功能结构。

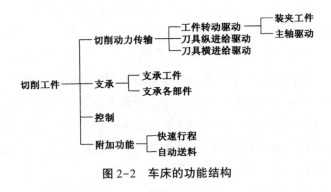

图 2-2　车床的功能结构

　　根据对功能结构分析的结果，可建立如图 2-3 所示的模块系统，共有 9 类 26 种模块，以组合成多种不同功能的车床。

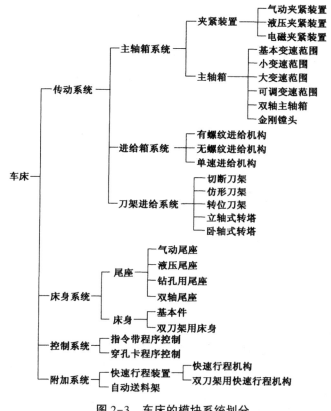

图 2-3　车床的模块系统划分

在功能模块的基础上，根据具体生产条件确定生产模块。生产模块是实际使用时拼装组合的模块。它可以是部件、组件或零件。一个功能模块可能分解为几个生产模块。以部件作为生产模块应用较普遍；组件模块可以使部件有不同的功能和性能，有时比更换部件更灵活；零件模块的灵活性则更大。大的铸件或焊接件从便于加工考虑还可进一步模块化，划分为若干个结构要素，用这些结构要素可组合成不同规格的铸件或焊接件，以减少木模或胎具的数量。

③合理确定产品的系列型谱和参数。模块化系统也应遵循系列化设计的原理，以用户的需求为依据，通过市场调查及技术经济分析，确定模块的系列型谱。纵系列模块系统中模块功能及原理方案相同，结构相似，而尺寸参数有变化。根据参数变化对系列产品划分合理区段，同一区段内模块通用。横系列模块系统是在一定基型产品基础上更换或添加模块，以得到扩展功能的同类变型产品。跨系列模块系统中包括具有相近动力参数的不同类型产品，可有两种模块化方式：在相同的基础件结构上选用不同模块系统的模块组成跨系列产品；基础件不同的跨系列产品中具有同一功能的零部件选用相同的功能模块。

④模块的组合。模块化系统的设计要考虑模块如何组合，达到用较少种类的模块组合出尽可能多的组合产品。

模块系统分闭式和开式两类。闭式系统是由一定数量种类的模块组成有限数量的组合，而开式系统则是由模块得到无限多的组合。闭式系统可计算出模块的理论组合数。实际组合时要考虑使用需要、工艺可能及相容关系，实际组合数会大大小于理论组合数。

模块组合要精心设计结合部的结构，结合部位的形状、尺寸、配合精度等应尽量符合标准。

⑤模块的计算机管理系统。先进的模块化系统不但可采用 CAD，而且可用计算机进行管理，以更好地体现模块化设计的优越性。模块的计算机辅助管理的功能如下：

a. 对模块进行编码，以便进行计算机管理。

b. 给出模块系统最多可组合的产品数。

c. 对于用户的某一给定的设计要求，分析是否存在一种有效的组合方案。

d. 在满足要求的几种组合方案中进行评价，选择最佳的组合方案。

e. 若无有效的组合方案可满足用户要求，则为新的模块设计提供信息。

f. 给出已选方案的模块组装图、明细表及价格表。

模块化设计可由销售部门将有关设计资料，包括模块组装图和明细表通过计算机网络直接传给生产计划部门，对产品的各个模块直接安排投产，实现所谓的"MRP Ⅱ 驱动"。

(四) 机械制造装备设计的评价

设计过程是通过分析、创造和综合而达到满足特定功能目标的一种活动。在此过程中需不断地对设计方案进行评价，根据评价结果进行修改，逐渐实现特定的功能目标。掌握评价的原理和方法，有助于建立正确的设计思想，在设计过程中不断地发现问题和解决问题。设计评价的内容十分丰富，结合机械制造装备设计的特点主要包括如下内容：技术经济评价、可靠性评价、人机工程评价、结构工艺性评价、产品造型评价和标准化评价等。

(1) 技术经济性评价。设计的产品在技术上应具有先进性，经济上应合理。技术的先进性和经济的合理性往往是相互排斥的。技术经济评价就是通过深入分析这两方面的问题，建立目标系统和确定评价标准，对各设计方案的技术先进性和经济合理性进行评分，给出综合的技术经济评价。

（2）可靠性评价。可靠性是指产品在规定条件下和规定时间内完成规定功能的能力。这里所谓的"规定条件"包括使用条件、维护条件、环境条件和操作技术等；"规定时间"可以是某个预定的时间，也可以是与时间有关的其他指标，如作用或重复次数、距离等；"规定功能"是指产品应具有的技术指标。产品的可靠性主要取决于产品在研制和设计阶段形成的产品固有可靠性。

（3）人机工程评价。人机工程学是研究人机关系的一门学科，它把人和机作为一个系统，研究人机系统应具有什么样的条件，才能使人机实现高度的协调性，人只需付出适宜的代价就能使系统取得最大的功效和安全。产品设计中应充分考虑人的因素、机器的因素、环境的因素、人机系统等方面。

（4）结构工艺性评价。结构工艺性评价的目的是降低生产成本，缩短生产时间，提高产品质量。结构工艺性应从加工、装配、维修和运输等方面来评价。

（5）产品造型评价。机械产品造型不同于一般的艺术品。其造型必须与功能相适应，即功能决定造型，造型表现功能。机械产品造型的总原则是经济、实用、美观大方。"经济"指的是造型成本低，并有助于提高产品的可靠性、寿命和人机界面。"实用"指的是使用操作方便、舒适、符合人体的生理和心理特征，使人机系统的工作效能达到最高。"美观大方"是指产品的外观形象给人的心理、生理及视觉效应良好。

（6）标准化评价。标准化的定义是：在经济、技术、科学及管理等社会实践中，对重复性事物和概念通过制定、发布和实施标准，达到统一，以获得最佳秩序和社会效益。产品设计的标准化对提高设计水平、保证设计质量、简化设计程序、节约设计费用将产生显著效果。从编制产品设计任务书到设计、试制、鉴定各个阶段，都必须充分考虑标准化的要求，认真进行标准化审查。

四、机械制造装备（金属切削机床）设计的基本理论

（一）机床精度和精度保持性

金属切削机床是典型机械制造装备，所以此部分以金属切削机床为例。

（1）机床精度。机床精度是反映机床零部件加工和装配误差大小的重要技术指标，会直接影响工件的尺寸形位误差和表面粗糙度。机床精度包括几何精度、传动精度、运动精度、定位精度及工作精度等。

①几何精度。几何精度指最终影响机床工作精度的那些零部件的精度，包括尺寸、形状、相互位置精度等，如直线度、平面度、垂直度等，是在机床静止或

低速运动条件下进行测量，可反映机床相关零部件的加工与装配质量。

②传动精度。传动精度是机床内联系传动链两端件之间相对运动的准确性，反映传动系统设计的合理性及有关零件的加工和装配质量。

③运动精度。机床主要零部件在工作状态速度下无负载运转时的精度，包括回转精度（如主轴轴心漂移）和直线运动的不均匀性（如运动速度周期性波动）等。运动精度与传动链的设计、加工与装配质量有关。

④定位精度。机床有关部件在直线坐标和回转坐标中定位的准确性，即实际位置与要求位置之间误差的大小，主要反映机床的测量系统、进给系统和伺服系统的特性。

⑤工作精度。机床对规定试件或工件进行加工的精度，不仅能综合反映出上述各项精度，而且还反映机床的刚度、抗振性及热稳定性等特性。

（2）机床精度等级。机床的精度可分为普通级、精密级和高精度级 3 种精度等级。其公差大致为 1∶0.4∶0.25，国家有关标准对不同类型和等级机床的检验项目及允许误差都有比较明确的规定，在机床设计与制造中必须贯彻执行，并注意留出一定的精度储备量，如有的厂家将规定精度标准压缩 1/3 作为生产标准执行。

（3）机床精度保持性。机床的精度保持性是指机床在工作中能长期保持其原始精度的能力，一般由机床某些关键零件，如主轴、导轨、丝杠等的首次大修期所决定，中型机床首次大修期应保证在 8 年以上。为了提高机床的精度保持性，要特别注意关键零件的选材和热处理，尽量提高其耐磨性，同时还要采用合理的润滑和防护措施。

（二）刚度

机床刚度是指机床受载时抵抗变形的能力，通常用下式表示：

$$K = \frac{F}{y}$$

式中，K 为机床刚度，单位为 N/μm；F 为作用在机床上的载荷，单位为 N；y 为在载荷作用下机床的变形量，单位为 μm。

作用在机床上的载荷有重力、夹紧力、切削力、传动力、摩擦力、冲击振动干扰力等。按照载荷的性质不同，可分为静载荷和动载荷。不随时间变化或变化极为缓慢的载荷称为静载荷，如重力、切削力的静力部分等。凡随时间变化的载荷，如冲击振动力及切削力的交变部分等称为动态载荷。故机床刚度相应地分为静刚度及动刚度，后者是抗振性的一部分，习惯所说的刚度一般指静刚度。

机床由众多的构件（零、部件）和柔性接合部组成，接合部的物理参数对机床的整机性能影响非常大，整机刚度的 50% 取决于接合部刚度，整机阻尼的 50%～80% 来自接合部阻尼。在载荷作用下各构件及接合部都要产生变形，这些变形直接或间接地引起刀具和工件之间的相对位移。这个位移的大小代表了机床的整机刚度。因此，机床整机刚度不能用某个零部件的刚度评价，而是指整台机床在静载荷作用下，各构件及接合面抵抗变形的综合能力。显然，刀具和工件间的相对位移影响加工精度，同时静刚度对机床抗振性、生产率等均有影响。因此，在机床设计中对如何提高其刚度是十分重视的。国内外对结构刚度和接触刚度做了大量的研究工作。在设计中既要考虑提高各部件刚度，同时也要考虑接合部刚度及各部件间的刚度匹配。各个部件和接合部对机床整机刚度的贡献大小是不同的，设计中应进行刚度的合理分配和优化。

（三）抗振能力

机床的抗振能力是指抵抗产生受迫振动和切削自激振动（切削颤振）的能力，习惯上前者称为抗振性，后者称为切削稳定性。机床的受迫振动是在内部或外部振源，即交变力的作用下产生的，如果振源频率接近机床整机或某个重要零部件的固有频率时，会产生"共振"，必须加以避免。切削颤振是机床—刀具—工件系统在切削加工中，由于内部具有某种反馈机制而产生的自激振动，其频率一般接近机床系统的某个固有频率。

机床零部件的振动会恶化其工作条件，加剧磨损，引起噪声；刀架与工件间的振动会直接影响加工质量，降低刀具耐用度，是限制机床生产率的重要因素。

为了提高机床的抗振性能，应采取下列必要措施：

（1）提高机床主要零部件及整机的刚度，提高其固有频率，使其远离机床内部或外部振源的频率。

（2）改善机床的阻尼性能，特别注意机床零件结合面之间的接触刚度和阻尼，对滚动轴承及滚动导轨做适当预紧等。

（3）改善旋转零部件的动平衡状况，减少不平衡激振力，这一点对高速机床尤为重要。

（四）噪声

机床在工作中的振动还会产生噪声，这不仅是一种环境污染，而且能反映机床设计与制造的质量。随着现代机床切削速度的提高、功率的增大、自动化功能的增多，噪声污染问题也越来越严重，降低噪声是机床设计者的重要任务之一。根据有关规定，普通机床和精密机床不得超过 85dB（A），高精度机床不超过 75dB（A）；对于要求严格的机床，前者应压缩到 78dB（A），后者应降低到 70dB（A）。除声压级以外，对噪声的品质也有严格要求，不能有尖叫声和冲击声，应达到所谓"悦耳"的要求。机床噪声源包含机械噪声、液压噪声、电磁噪声和空气动力噪声等不同成分，在机床设计中要提高传动质量，减少摩擦、振动和冲击，减少机械噪声。

（五）热变形

机床工作中由于受到内部热源和外部热源的影响，使机床各部分温度发生变化，引起热变形。机床热变形会破坏机床的原始精度，引起加工误差，还会破坏轴承、导轨等的调整间隙，加快运动件的磨损，甚至会影响正常运转。据统计，热变形引起的加工误差可达总误差的 70% 以上。特别是对于精密机床、大型机床以及自动化机床，热变形的影响是不容忽视的。机床的内部热源有电动机发热，液压系统发热，轴承、齿轮等摩擦传动发热以及切削发热等；机床的外部热源主要是机床的环境温度变化和周围的辐射热源。机床开始工作时各部分温度较低，因此温升速度较快，随着温度升高，散热作用加强，温度升高的速度减缓，如果热源在单位时间内发热量恒定，则经过一段时间，机床各部分的温升和热变形会基本保持稳定，处于热平衡状态。机床设计中要求采取各种措施减少内部热源的发热量、改善散热条件、均衡热源、减少温升和热变形；还可采用热变形补偿措施，减少热变形对加工精度的影响等。

（六）机床性能

机床在加工过程中产生的各种静态力、动态力以及温度变化，会引起机床产生变形、振动、噪声等，给加工精度和生产率带来不利影响。机床性能就是指机床对上述现象的抵抗能力。由于影响的因素很多，在机床性能方面，还像精度检验那样，制定出确切的检测方法和评价指标。

（1）传动效率。传动效率是衡量机床能否有效利用电动机输出功率的能力，用下式表示：

$$\eta = P/P_E \approx (P_E - P_0)/P_E = 1 - P_0/P_E$$

式中，η 为机床传动效率，P 为机床输出功率，P_E 为电动机输出功率，P_0 为机床空运转功率。

机床的功率损失主要转化成摩擦热，会造成传动件的磨损和引起机床热变形，因此，传动效率是间接反映机床设计与制造质量的重要指标之一。对于普通机床，主轴最高转速时的空运转功率不应超过主电机功率的1/3。机床的传动效率与机床传动链的长短及传动件的速度有关，也受轴承预紧、传动件平衡和润滑状态等因素影响。

（2）机床生产率。机床的生产率通常是指单位时间内机床所能加工的工件数量，即：

$$Q = \frac{1}{t} = \frac{1}{t_1 + t_2 + t_3/n}$$

式中，Q 为机床生产率，t 为单个工件的平均加工时间，t_1 为单个工件的切削加工时间，t_2 为单个工件加工过程中的辅助时间，t_3 为加工一批工件的准备与结束工作时间，n 为一批工件的数量。

要提高机床的生产率，可以采用先进刀具提高切削速度，采用大切深、大进给、多刀多切削等缩短切削时间，采用空行程机动快移、自动工件夹紧、自动测量和数字显示等缩短辅助时间。机床自动化加工可以减少人对加工的干预，减少失误，保证加工质量；减轻劳动强度，改善劳动环境；减少辅助时间，有利于提高劳动生产率。机床的自动化可分为大批大量生产自动化和单件小批量生产自动化。大批大量生产的自动化，通常采用自动化单机（如自动机床、组合机床或经过改造的通用机床等）和由它们组成的自动生产线。对于单件小批量生产自动化，则必须采用数控机床等柔性自动化设备，在数控机床及加工中心的基础上，配上计算机控制的物料输送和装卸装备，可构成柔性制造单元（Flexible Manufacturing Cell，FMC）和柔性制造系统（Flexible Manufacturing System，FMS）。

（七）工件表面成形方法与机床运动分析

在切削加工过程中，机床上的刀具和工件按一定的规律做相对运动，通过刀具对工件毛坯的切削作用，切除毛坯上多余金属，从而得到所要求的零件表面形状。机械零件的任何表面都可以看作是一条线（称为母线）沿另一条线（称为导线）运动的轨迹。如平面是由一条直线（母线）沿另一条直线（导线）运动而形成的；圆柱面和圆锥面是由一条直线（母线）沿着一个圆（导线）运动而形成的；普通螺纹的螺旋面是由"∧"形线（母线）沿螺旋线（导线）运动而形成的；直齿圆柱齿轮的渐开线齿廓表面是渐开线（母线）沿直线（导线）运动而形成的；等等，如图2-4所示。

母线和导线统称为发生线。切削加工中发生线是由刀具的切削刃与工件间的相对运动得到的。一般情况下，由切削刃本身或与工件相对运动配合形成一条发生线（一般是母线），而另一条发生线则完全是由刀具和工件之间的相对运动得到的。由于加工方法、刀具结构及切削刃的形状不同，所以，形成母线和导线的方法及所需运动也不相同。概括起来有以下 4 种。

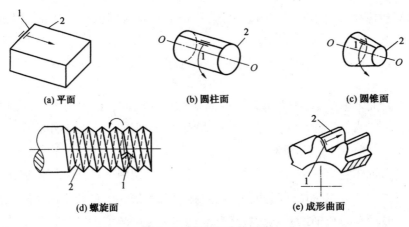

(a) 平面　　　　　(b) 圆柱面　　　　　(c) 圆锥面

(d) 螺旋面　　　　　　　　(e) 成形曲面

图 2-4　成形运动的组成

1—母线；2—导线

（1）轨迹法。指的是刀具切削刃与工件表面之间为近似点接触，通过刀具与工件之间的相对运动，由刀具刀尖的运动轨迹来实现表面的成形，如图 2-5（a）所示。刨刀沿箭头 A_1 方向的运动形成母线，沿箭头 A_2 方向的运动形成导线。

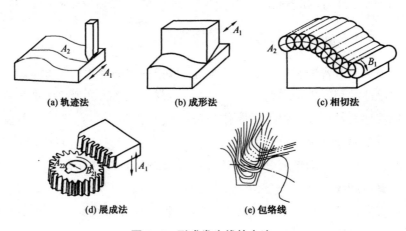

(a) 轨迹法　　　　　(b) 成形法　　　　　(c) 相切法

(d) 展成法　　　　　(e) 包络线

图 2-5　形成发生线的方法

（2）成形法。是指刀具切削刃与工件表面之间为线接触，切削刃的形状与形成工件表面的一条发生线完全相同，另一条发生线由刀具与工件的相对运动来实现，如图 2-5（b）所示。

（3）相切法。利用刀具边旋转边做轨迹运动对工件进行加工的方法，如图 2-5（c）所示。刀具做旋转运动 B_1，刀具圆柱面与被加工表面相切的直线就是母线。刀具沿 A_2 做曲线运动，形成导线。两个运动的叠加，形成加工表面。相切法又称包络线法。

（4）展成法。展成法是指对各种齿形表面进行加工时，刀具的切削刃与工件表面之间为线接触，刀具与工件之间做展成运动（或称啮合运动），齿形表面的母线是切削刃各瞬时位置的包络线，如图 2-5（d）、（e）所示。

（八）传动的基本组成和传动原理图

（1）机床传动的基本组成部分。机床的传动必须具备以下 3 个基本部分。

①运动源。运动源是执行件提供动力和运动的装置。通常为电动机，如交流异步电动机、直流电动机、直流和交流伺服电动机、步进电动机、交流变频调速电动机等。

②传动件。传动件是传递动力和运动的零件。如齿轮、链轮、带轮、丝杠、螺母等，除机械传动元件外，还有液压传动元件和电气传动元件等。

③执行件。执行件是夹持刀具或工件执行运动的部件。常用执行件有主轴、刀架、工作台等，是传递运动的末端件。

（2）机床的传动装置。机床的传动装置一般有机械、液压、电气传动等形式。液压、电气传动由专门课程讲解，这里不再讲述。机械传动按传动原理可分为分级传动和无级传动。

①离合器。用于实现运动的启动、停止、换向、变速。离合器的种类很多，按其结构和用途不同，可分为啮合式离合器、摩擦式离合器、超越离合器和安全离合器等。

②变速组。它是实现机床分级变速的基本机构。常见的形式如图 2-6 所示。

a. 滑移齿轮变速组。如图 2-6（a）所示，轴Ⅰ上装有齿数为 Z_1、Z_2、Z_3 的 3 个齿轮，它们与轴牢固连接，称为固定齿轮。轴的转动一定会带动 3 个齿轮转动。反之，任何一个齿轮转动也一定带动轴Ⅰ转动。轴Ⅱ上装有一个联体齿轮（齿数为 Z'_1、Z'_2、Z'_3），称为三联齿轮。该联体齿轮与轴Ⅱ的连接是滑移连接，即该三联齿轮可以沿轴Ⅱ的轴线方向移动，但不能与轴Ⅱ发生相对转动。当三联滑移齿轮分别滑移至左、中、右 3 个不同的啮合工作位置时，即会获得 3 种不同的传动比 Z_1/Z'_1、$Z2/Z'_2$、$Z3/Z'_3$。此时，如果 I 轴只有一种转速，则 II 轴可得 3 种不同的转速，这个机构称为滑移齿轮变速组。滑移齿轮变速组结构紧凑，传动效率高，变速方便，传递动力大。但不能在运动过程中变速，只能在停车或很慢转动时变速。

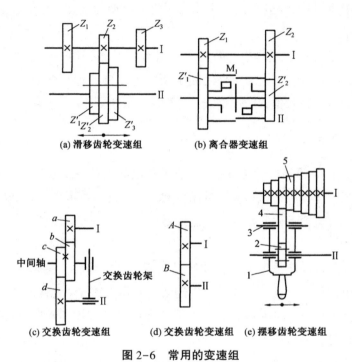

图 2-6　常用的变速组

1—摆移架；2—滑移齿轮；3—中间轴；4—中间轮；5—固定齿轮

　　b. 离合器变速组。如图 2-6（b）所示，轴 I 上装有两个固定齿轮 Z_1、Z_2，分别与空套在轴 II 上的齿轮 Z'_1、Z'_2 啮合。所谓"空套齿轮"，是套装在轴上（轴只起支承作用），与轴是无传动连接的，即轴转动不会带动齿轮转动，反之，齿轮转动也不会带动轴转动。在 Z'_1 和 Z'_2 之间，装有端面齿双向离合器，且离合器用花键与轴 II 相连，由于 Z_1/Z'_1、Z_2/Z'_2 的传动比不同，所以，如果 I 轴只有一种转速，则离合器分别向左啮合或向右啮合，轴 II 就会得到两种转速。离合器变速组操作方便，变速时齿轮不需移动，故常用于斜齿圆柱齿轮传动中，使传动平稳。

　　c. 交换齿轮变速组。图 2-6（c）、（d）所示为最常见的交换齿轮机构，所谓交换齿轮是指根据传动需要可拆装的活动齿轮。图 2-6（d）所示为一对交换齿轮变速组，只要在固定中心距的轴Ⅰ与轴Ⅱ上装上传动比不同（即不同的A、B），但"齿数和"相同的齿轮A和B则可由轴Ⅰ的一种转速，使轴Ⅱ得到不同的转速。图2-6（c）所示为两对交换齿轮，其工作原理与一对交换齿轮变速组相似，不同的是两对交换齿轮的变速组需要有一可以绕轴Ⅱ摆动的交换齿轮架，中间轴在交换齿轮架上可做径向调整移动，并用螺栓紧固在一定的径向位置上，以适合不同的a、b、c、d齿轮啮合的需要。交换齿轮变速组机构简单、紧凑，但变速时较费时。

d. 摆移齿轮变速组。如图2-6（e）所示，在轴Ⅰ上装有8个齿数按一定规律排列的固定齿轮，通常称为塔齿轮，轴Ⅱ上装有一个滑移齿轮2，它通过一个可以轴向移动又能摆动的架子推动齿轮做左、右滑移，摆移架1的中间轴3上装有一中间空套齿轮，因此，当摆移架1摆动加移动依次地使中间轮4与塔齿轮中的一个齿轮相啮合时，如轴Ⅰ只有一种转速，则轴Ⅱ就会得到8种转速。该变速机构变速方便、结构紧凑，但因有摆移架故刚性较差。

③变向机构。其作用是改变机床执行件的运动方向。下面介绍两种常见的变向机构。

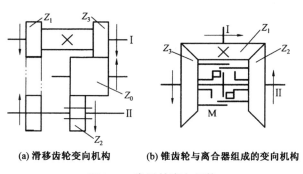

(a) 滑移齿轮变向机构　　　(b) 锥齿轮与离合器组成的变向机构

图2-7　常见的变向机构

a. 滑移齿轮变向机构。如图2-7（a）所示，轴Ⅰ上装有一双联固定齿轮（$Z_1 = Z_3$），轴Ⅱ上装有一个滑移齿轮Z_2，中间轴上装有一空套齿轮Z_0。当Z_2滑至图中右侧位置时，轴Ⅰ的运动由经Z_3传给Z_0，使轴Ⅱ的转向与轴Ⅰ相同；当滑移齿轮Z_2向左滑移至与Z_1啮合位置，则轴Ⅰ的运动经Z_1，Z_2直接传给轴Ⅱ，使轴Ⅱ的转动方向与轴Ⅰ相反，这种变向机构刚性较好，可实现机床的正反转。

b. 锥齿轮与离合器组成的变向机构。如图2-7（b）所示，主动轴Ⅰ上装有固定锥齿轮Z_1；Z_1同时与Z_2、Z_3啮合，使空套的Z_2、Z_3具有不同的转向。离合器M依次与Z_2、Z_3的端面齿相啮合，则轴Ⅱ将获得两个不同的运动方向，这种变向机构刚性较圆柱齿轮变向机构差些。

（3）机床的传动链。为了在机床上得到所需要的运动，必须通过一系列的传动件把运动源和执行件，或把执行件与执行件联系起来，以构成传动联系。构成一个传动联系的一系列传动件，称为传动链。根据传动链的性质，传动链可分为两类：

①外联系传动链。联系运动源与执行件的传动链，称为外联系传动链。它的作用是使执行件得到预定速度的运动，并传递一定的动力。此外，还起执行件变速、换向等作用。外联系传动链传动比的变化，只影响生产率或表面粗糙度，不影响加工表面的形状。因此，外联系传动链不要求两末端件之间有严格的传动关系。如卧式车床中，从主电动机到主轴之间的传动链，就是典型的外联系传动链。

②内联系传动链。联系两个执行件，以形成复合成形运动的传动链，称为内联系传动链。它的作用是保证两个末端件之间的相对速度或相对位移保持严格的比例关系，以保证被加工表面的性质。如在卧式车床上车螺纹时，连接主轴和刀具之间的传动链，就属于内联系传动链。此时，必须保证主轴（工件）每转一转，车刀移动工件螺纹一个导程，才能得到要求的螺纹导程。又如，滚齿机的范成运动传动链也属于内联系传动链。

（4）机床传动原理图。在机床的运动分析中，为了便于分析机床运动和传动联系，常用一些简明的符号来表示运动源与执行件、执行件与执行件之间的传动联系，这就是传动原理图。图 2-8 为传动原理图常用的部分符号。

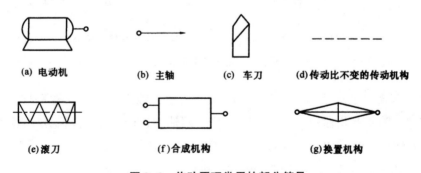

(a) 电动机　　　(b) 主轴　　　(c) 车刀　　　(d) 传动比不变的传动机构

(e) 滚刀　　　(f) 合成机构　　　(g) 换置机构

图 2-8　传动原理常用的部分符号

下面以卧式车床的传动原理图为例，说明传动原理图的画法和所表示的内容。如图 2-9 所示，从电动机至主轴之间的传动属于外联系传动链，它是为主轴提供运动和动力的。即从电动机—1—2—u_v—3—4—主轴，这条传动链也称主运动传动链，其中 1—2 和 3—4 段为传动比固定不变的定比传动结构，2—3 段是传动比可变的换置机构 u_v，调整 u_v 值用以改变主轴的转速。从主轴—4—5—u_f—6—7—丝杠—刀具，得到刀具和工件间的复合成形运动（螺旋运动），这是一条内联系传动链，其中 4—5 和 6—7 段为定比传动机构，5—6 段是换置机构 u_f，调整 u_f 值可得到不同的螺纹导程。在车削外圆面或端面时，主轴和刀具之间的传动联系无严格的传动比要求，二者的运动是两个独立的简单成形运动，因此，除了从电动机到主轴的主传动链外，另一条传动链可视为由电动机—1—2—u_v—3—5—u_f—6—7—刀具（通过光杠），此时这条传动链是一条外联系传动链。

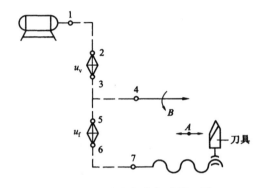

图 2-9　卧式车床传动原理图

传动原理图表示了机床传动的最基本特征。因此，用它来分析、研究机床运动时，最容易找出两种不同类型机床的最根本区别。对于同一类型机床来说，不管它们具体结构有何明显的差异，它们的传动原理图却是完全相同的。

五、机床传动系统图和运动计算

（一）机床传动系统图

机床的传动系统图是表示机床全部运动传动关系的示意图。它比传动原理图更准确、更清楚、更全面地反映了机床的传动关系。在图中用简单的规定符号代表各种传动元件（我国的机床传动系统图规定符号详见国家标准 GB4460—84《机械制图机械运动简图符号》及 GB138—74《机械制图——机动示意图中的规定符号》）。

机床的传动系统图画在一个能反映机床外形和各主要部件相互位置的投影面

上，并尽可能绘制在机床外形的轮廓线内。图中的各传动元件是按照运动传递的先后顺序，以展开图的形式画出来。该图只表示传动关系，并不代表各传动元件的实际尺寸和空间位置。在图中通常注明齿轮及蜗轮的齿数、带轮直径、丝杠的导程和头数、电动机功率和转数、传动轴的编号等。传动轴的编号，通常从运动源（电动机）开始，按运动传递顺序，依次用罗马数字Ⅰ、Ⅱ、Ⅲ、Ⅳ……表示。图 2-10 是一台中型卧式车床主传动系统图。

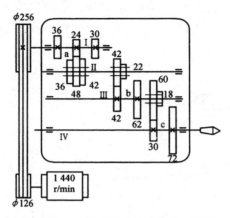

图 2-10　12 级变速车床主传动系统图

（二）传动路线表达式

为便于说明及了解机床的传动路线，通常把传动系统图数字化，用传动路线表达式（传动结构式）来表达机床的传动路线。图 2-10 车床主传动路线表达式为：

$$电动机（1440r/min）—\frac{\phi126}{\phi256}—Ⅰ—\begin{bmatrix}\frac{36}{36}\\\frac{24}{48}\\\frac{30}{42}\end{bmatrix}—Ⅱ—\begin{bmatrix}\frac{42}{42}\\\frac{22}{62}\end{bmatrix}—Ⅲ—\begin{bmatrix}\frac{60}{30}\\\frac{18}{72}\end{bmatrix}—Ⅳ（主轴）$$

（三）主轴转数级数计算

电动机是单一转速，经过 V 型带轮定比传动，轴Ⅰ的 3 个齿轮带动轴Ⅱ的 3 个齿轮传动，使轴Ⅱ得到 3 级转速。同理，轴Ⅱ上的 2 个齿轮带动轴Ⅲ的 2 个齿轮传动，轴Ⅱ的每一种转速都可以传递给轴Ⅲ，则轴Ⅲ得到 6 级转速。轴Ⅲ的每一种转速又可以两种方式传给轴Ⅳ，轴Ⅳ将获得 12 种转速。通过变速组的变速方式与主轴变速级数的关系，可以得出结论，主轴的变速级数 Z 等于各变速组变速方式 P 的乘积，即：

$$Z = P_{\text{I}-\text{II}} \times P_{\text{II}-\text{III}} \times P_{\text{III}-\text{IV}}$$

根据前述主传动路线表达式可知，主轴正转时，利用各滑移齿轮组齿轮轴向位置的各种不同组合，主轴可得 $3 \times 2 \times 2 = 12$ 级正转转速。同理，当电机反转时主轴可得 12 级反转转速。

（四）运动计算

机床运动计算通常有两种情况：

（1）根据传动路线表达式提供的有关数据，确定某些执行件的运动速度或位移量。

（2）根据执行件所需的运动速度、位移量，或有关执行件之间需要保持的运动关系，确定相应传动链中换置机构的传动比，以便进行调整。

（五）机床的传动系统

实现机床加工过程中全部成形运动和辅助运动的各传动链，组成一台机床的传动系统。表示实现机床全部运动的传动示意图称为传动系统图。分析传动系统图的一般方法是：首先找出运动链所联系的两个末端件，然后按运动传动顺序，依次分析各传动轴之间的传动结构和运动的传递关系。分析传动结构时，特别注意齿轮、离合器等传动件与传动轴之间的连接关系（如固定、空套或滑移）。

图 2-13 为 CA6140 型卧式车床的传动系统图。图中左上方的方框内表示机床的主轴箱，框中是从主电动机到车床主轴的主运动传动链。传动链中的滑移齿轮变速机构，可使主轴得到不同的转速；片式摩擦离合器换向机构，可使主轴得到正、反向转速。左下方框表示进给箱，右下方框表示溜板箱。从主轴箱中下半部分传动件，到左外侧的挂轮机构、进给箱中的传动件、丝杠或光杠以及溜板箱中的传动件，构成了从主轴到刀架的进给传动链。进给换向机构位于主轴箱下部，用于切削左旋或右旋螺纹。挂轮或进给箱中的变换机构，用来决定将运动传给丝杠还是光杠。若传给丝杠，则经过丝杠和溜板箱中的开合螺母，把运动传给刀架，实现切削螺纹传动链；若传给光杠，则通过光杠和溜板箱中的转换机构传给刀架，形成机动进给传动链。溜板箱中的转换机构用来确定是纵向进给或是横向进给。

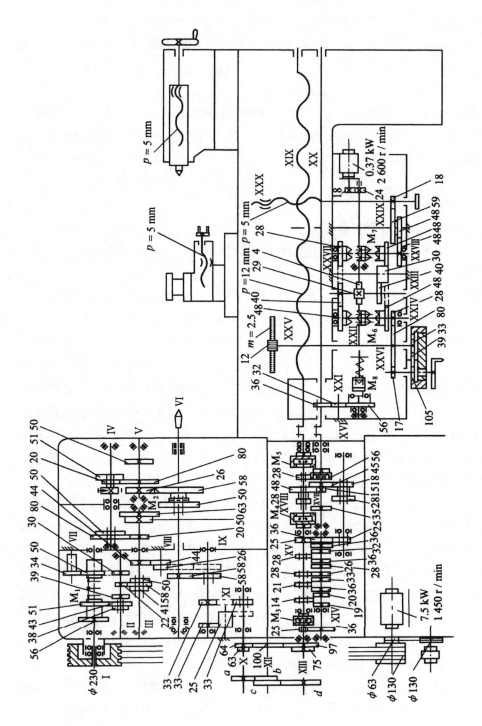

图2-13 CA6140型卧式车床的传动系统图

1. 主运动传动链

主运动传动链的两末端件是主电动机与主轴，它的功用是把动力源（电动机）的运动及动力传给主轴，使主轴带动工件旋转实现主运动，并满足卧式车床主轴变速和换向的要求。

（1）主运动传动路线。主运动的动力源是电动机，执行件是主轴。运动由电动机经 V 型带轮传动副 φ＞130/φ230 传至主轴箱中的轴 I。轴 I 上装有双向多片摩擦离合器 M_1，离合器左半部接合时，主轴正转；右半部接合时，主轴反转；左右都不接合时，轴 I 空转，主轴停止转动。轴 I 运动经 M_1→轴 II→轴 III，然后分成两条路线传给主轴：当主轴 VI 上的滑移齿轮（$Z=50$）移至左边位置时，运动从轴 III 经齿轮副 63/50 直接传给主轴 VI，使主轴得到高转速；当主轴 VI 上的滑移齿轮（$Z=50$）向右移，使齿轮式离合器 M_2 接合时，则运动经轴 III→IV→V 传给主轴 VI，使主轴获得中、低转速。

主运动传动路线表达如下：

$$
\text{电动机} - \frac{\phi130}{\phi230} - I - \begin{cases} M_1\text{左（正转）} - \begin{cases} \dfrac{56}{38} \\[1mm] \dfrac{51}{43} \end{cases} - \\[6mm] M_1\text{右（反转）} - \dfrac{50}{34} - \text{VII} - \dfrac{34}{30} \end{cases} - II - \begin{cases} \dfrac{39}{41} \\[1mm] \dfrac{30}{50} \\[1mm] \dfrac{22}{58} \end{cases} -
$$

$$
III - \begin{cases} \begin{cases} \dfrac{20}{80} \\[1mm] \dfrac{50}{50} \end{cases} - IV - \begin{cases} \dfrac{20}{80} \\[1mm] \dfrac{51}{50} \end{cases} - V - M_2 - \dfrac{26}{58} \\[6mm] \qquad\qquad \dfrac{63}{50} \end{cases} - VI\text{（主轴）}
$$

（2）主轴转速级数与转速。由传动系统图和传动路线表达式可以看出，主轴正转时，轴 II 上的双联滑移齿轮可有两种啮合位置，分别经 56/38 或 51/43 使轴 II 获得两种速度。其中的每种转速经轴 III 的三联滑移齿轮 39/41 或 30/50 或 22/58 的齿轮啮合，使轴 III 获得 3 种转速，因此轴 II 的两种转速可使轴 III 获得 2×3＝6 种转速。经高速分支传动路线时，由齿轮副 63/50 使主轴 VI 获得 6 种高转运。经低速分支传动路线时，轴 III 的 6 种转速经轴 IV 上的两对双联滑移齿轮，使主轴得到 6×2×2＝24 种低转速。因为轴 III 到轴 V 间的两个双联滑移齿轮变速组得到的 4 种传动比中，有两种重复，即：

$$\mu_1 = \frac{20}{80} \times \frac{51}{50} \approx \frac{1}{4}, \quad \mu_3 = \frac{50}{50} \times \frac{20}{80} = \frac{1}{4}$$

$$\mu_2 = \frac{20}{80} \times \frac{51}{50} \approx \frac{1}{4}, \quad \mu_4 = \frac{50}{80} \times \frac{20}{80} = \frac{1}{16}$$

其中 μ_2、μ_3 基本相等，因此经低速传动路线时，主轴 VI 获得的实际只有 6×（4-1）= 18 级转速。同理，主轴反转时，只能获得 3+3×（2×2-1）= 12 级转速。主轴的转速可按下列运动平衡式计算：

$$n_{主} = n_{电} \times \frac{130}{230} \times (1-\varepsilon) \mu_{\text{I-II}} \times \mu_{\text{II-III}} \times \mu_{\text{III-IV}}$$

式中，ε 为 V 带轮的滑动系数，可取 $\varepsilon = 0.02$；$\mu_{\text{II-III}}$ 为轴 I 和轴 II 间的可变传动比，其余类推。

例如，图 2-13 所示的齿轮啮合情况（离合器 M_2 拨向左侧），主轴的转速为：

$$n_{主} = 1450 \times \frac{130}{230} \times (1-0.02) \times \frac{51}{43} \times \frac{22}{58} \times \frac{63}{50} \approx 450 \ （\text{r/min}）$$

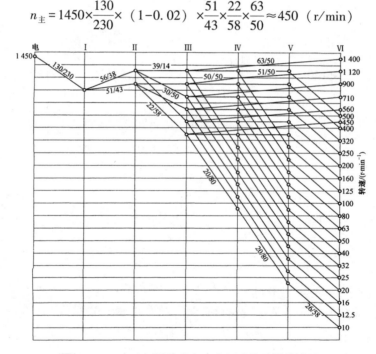

图 2-14　CA6140 型卧式车床主运动传动链转速图

根据运动平衡方程式计算各级转速时，中间各级转速不易判断出所经过的各传动副。若利用转速图这种分析机床传动系统的有效工具则可清楚地看出各级转速的传动路线。CA6140 型卧式车床主运动传动链转速图如图 2-14 所示。

主轴反转时，轴 I-II 间传动比的值大于正转时传动比的值，所以反转转速大于正转转速。主轴反转一般不用于切削，而是用于车削螺纹时，切削完一刀后，使车刀沿螺旋线退回，以免下一次切削时"乱扣"。转速高，可节省辅助时间。

2. 进给运动传动链

进给运动传动链的两个末端件分别是主轴和刀架，其作用是实现刀具纵向或横向移动及变速与换向。它包括车螺纹进给运动传动链和机动进给运动传动链。

（1）车螺纹进给运动传动链。CA6140 型普通车床可以车削米制、英制、模数和径节 4 种螺纹。车削螺纹时，主轴与刀架之间必须保持严格的传动比关系，即主轴每转一转，刀架应均匀地移动一个导程 P。由此可列出车削螺纹传动链的运动平衡方程式为：

$$1_{（主轴）} \times u \times L_{丝} = P$$

式中，u 为从主轴到丝杠之间全部传动副的总传动比；$L_{丝}$ 为机床丝杠的导程，CA6140 型车床 $L_{丝} = 12\text{mm}$，P 为被加工工件的导程，mm。

①车削米制螺纹。

a. 车削米制螺纹的传动路线。车削米制螺纹时，运动由主轴Ⅵ经齿轮副58/58 至轴Ⅸ，再经三星轮换向机构 33/33（车左螺纹时经 33/25×25/33）传至轴Ⅹ，再经挂轮 63/100×100/75 传到进给箱中轴ⅩⅢ，进给箱中的离合器 M_3 和 M_4 脱开，M_5 接合，再经移换机构的齿轮副 25/36 传到轴ⅩⅣ，由轴ⅩⅣ和ⅩⅤ间的基本变速组 μ_j、移换机构的齿轮副 25/36×36/25 将运动传到轴ⅩⅥ，再经增倍变速组 u_b 传至轴ⅩⅧ，最后经齿式离合器 M_5，传动丝杠ⅩⅨ，经溜板箱带动刀架纵向运动，完成米制螺纹的加工。其传动路线表达如下：

$$主轴Ⅵ - \frac{58}{58} - Ⅸ - \begin{cases} \dfrac{33}{33}（右螺纹） \\ \dfrac{33}{25} - Ⅺ - \dfrac{25}{33}（左螺纹） \end{cases} - Ⅹ - \frac{63}{100} \times \frac{100}{75} - ⅩⅢ - \frac{25}{36}$$

$$- ⅩⅣ - u_j - ⅩⅤ - \frac{36}{25} \times \frac{25}{36} - ⅩⅥ - u_b - ⅩⅧ - M_5（啮合） - ⅩⅨ（丝杠） - 刀架$$

b. 车削米制螺纹的运动平衡式。由传动系统图和传动路线表达式，可以列出车削米制螺纹的运动平衡式：

$$P = 1_{（主轴）} \times \frac{58}{58} \times \frac{33}{33} \times \frac{63}{100} \times \frac{100}{75} \times \frac{25}{36} \times u_j \times \frac{25}{36} \times \frac{36}{25} \times u_b \times 12 \text{（mm）}$$

式中，u_j、u_b 分别为基本变速组传动比和增倍变速组传动比。

将上式化简可得：

$$P = 7u_j \cdot u_b$$

进给箱中的基本变速组 u_j 为双轴滑移齿轮变速机构，由轴ⅩⅣ上的 8 个固定齿轮和轴ⅩⅤ上的 4 个滑移齿轮组成，每个滑移齿轮可分别与邻近的 2 个固定齿轮相啮合，共有 8 种不同的传动比：

$$u_{j1} = \frac{26}{28} = \frac{6.5}{7}, \quad u_{j2} = \frac{28}{28} = \frac{7}{7}, \quad u_{j3} = \frac{32}{28} = \frac{8}{7}, \quad u_{j4} = \frac{36}{28} = \frac{9}{7}$$

$$u_{j5} = \frac{19}{14} = \frac{9.5}{7}, \quad u_{j6} = \frac{20}{14} = \frac{10}{7}, \quad u_{j7} = \frac{33}{21} = \frac{11}{7}, \quad u_{j8} = \frac{36}{21} = \frac{12}{7}$$

不难看出，除了 u_{j1} 和 u_{j5} 外，其余的 6 个传动比组成一个等差数列。改变 u_j 的值，就可以车削出按等差数列排列的导程组。进给箱中的增倍变速组 u_b 由轴ⅩⅦ—轴ⅩⅧ间的三轴滑移齿轮机构组成，可变换 4 种不同的传动比：

$$u_{b1} = \frac{18}{45} \times \frac{15}{48} = \frac{1}{8}, \quad u_{b2} = \frac{28}{35} \times \frac{15}{48} = \frac{1}{4}$$

$$u_{b3} = \frac{18}{45} \times \frac{35}{28} = \frac{1}{2}, \quad u_{b4} = \frac{28}{35} \times \frac{35}{28} = 1$$

它们之间依次相差 2 倍，改变 u_b 的值，可将基本组的传动比成倍地增加或缩小。

把 u_j、u_b 的值代入上式，得到 8×4＝32 种导程值，其中符合标准的有 20 种，见表 2-3。可以看出，表中的每一行都是按等差数列排列的，而行与行之间成倍数关系。

表 2-3　CA6140 型普通车床米制螺纹导程　　　　　　　　　　mm

导程 P ＼ 基本组 u_j ＼ 增倍组 u_b	$\frac{26}{28}$	$\frac{28}{28}$	$\frac{32}{28}$	$\frac{36}{28}$	$\frac{19}{14}$	$\frac{20}{14}$	$\frac{33}{21}$	$\frac{36}{21}$
$u_{b1} = \frac{18}{45} \times \frac{15}{48} = \frac{1}{8}$	—	—	1	—	—	1.25	—	1.5
$u_{b2} = \frac{28}{35} \times \frac{15}{48} = \frac{1}{4}$	—	1.75	2	2.25	—	2.5	—	3
$u_{b3} = \frac{18}{45} \times \frac{35}{28} = \frac{1}{2}$	—	3.5	4	4.5	—	5	5.5	6
$u_{b4} = \frac{28}{35} \times \frac{35}{28} = 1$	—	7	8	9	—	10	11	12

c. 扩大导程传动路线。从表 2-3 可以看出，此传动路线能加工的最大螺纹

导程是 12mm。如果需车削导程大于 12mm 的米制螺纹，应采用扩大导程传动路线。这时，主轴Ⅵ的运动（此时 M_2 接合，主轴处于低速状态）经斜齿轮传动副 58/26 到轴 Ⅴ，背轮机构 80/20 与 80/20 或 50/50 至轴Ⅲ，再经 44/44，26/58（轴Ⅸ滑移齿轮 Z_{58} 处于右位与轴ⅧZ_{26} 啮合）传到轴Ⅸ，其传动路线表达式为从传动路线表达式可知，扩大螺纹导程时，主轴Ⅵ到轴Ⅸ的传动比为：

$$主轴Ⅵ— \begin{cases} (扩大导程)\dfrac{58}{26}—Ⅴ—\dfrac{80}{20}—Ⅳ—\begin{cases}\dfrac{50}{50}\\[2mm]\dfrac{80}{20}\end{cases}—Ⅲ—-\dfrac{44}{44}\times\dfrac{26}{58} \\[6mm] (正常导程————\dfrac{58}{58}————) \end{cases}—Ⅸ—(接正常导程传动路$$

线)

从传动路线表达式可知，扩大螺纹导程时，主轴Ⅵ到轴Ⅸ的传动比为：

当主轴转速为 40～125r/min 时，$\mu_1=\dfrac{58}{26}\times\dfrac{80}{20}\times\dfrac{50}{50}\times\dfrac{44}{44}\times\dfrac{26}{58}=4$；

当主轴转速为 10～32r/min 时，$\mu_2=\dfrac{58}{26}\times\dfrac{80}{20}\times\dfrac{80}{20}\times\dfrac{44}{44}\times\dfrac{26}{58}=16$；

而正常螺纹导程时，主轴Ⅵ到轴Ⅸ的传动比为：$u=\dfrac{58}{58}=1$。

所以，通过扩大导程传动路线可将正常螺纹导程扩大 4 倍或 16 倍。CA6140 型车床车削大导程米制螺纹时，最大螺纹导程为 $P_{max}=12\times16=192mm$。

②车削英制螺纹。英制螺纹是英、美等少数英寸制国家所采用的螺纹标准。我国部分管螺纹也采用英制螺纹。英制螺纹以每英寸长度上的螺纹扣数 α（扣/in）表示，其标准值也按分段等差数列的规律排列。英制螺纹的导程为：

$$P_\alpha=1/\alpha \quad (in)$$

由于 CA6140 型车床的丝杠是米制螺纹，被加工的英制螺纹也应换算成以毫米为单位的相应导程值，即：

$$P_\alpha=\frac{1}{\alpha}in=\frac{25.4}{\alpha}mm$$

车削英制螺纹时，对传动路线做如下变动，首先，改变传动链中部分传动副的传动比，使其包含特殊因子 25.4；其次，将基本组两轴的主、被动关系对调，以便使分母为等差级数。其余部分的传动路线与车削米制螺纹时相同。

③车削径节螺纹。径节螺纹主要用于同英制蜗轮相配合，即为英制蜗杆，其标准参数为径节，用 DP 表示，其定义为：对于英制蜗轮，将其总齿数折算到每

一英寸分度圆直径上所得的齿数值，称为径节。根据径节的定义可得蜗轮齿距为：

$$蜗轮齿距\ p = \frac{\pi D}{z} = \frac{\pi}{\dfrac{z}{D}} = \frac{\pi}{DP}\ （in）$$

式中，z 为蜗轮的齿数；D 为蜗轮的分度圆直径，单位为 in。

只有英制蜗杆的轴向齿距 P_{DP} 与蜗轮齿距 $\pi/（DP）$ 相等才能正确啮合，而径节制螺纹的导程为英制蜗杆的轴向齿距，即：

$$P_{DP} = \frac{\pi}{DP} in = \frac{25.4k\pi}{DP} mm$$

标准径节的数列也是分段等差数列。径节螺纹的导程排列的规律与英制螺纹相同，只是含有特殊因子 25.4π。车削径节螺纹时，可采用英制螺纹的传动路线，但挂轮需换为 $\dfrac{64}{100} \times \dfrac{100}{97}$。

④车削非标准螺纹和精密螺纹。非标准螺纹是指利用上述传动路线无法得到的螺纹。这时需将进给箱中的齿式离合器 M_1、M_4 和 M_5 全部啮合，被加工螺纹的导程 L_T 依靠调整挂轮的传动比 $\mu_挂$ 来实现。

3. 机动进给传动链

车削外圆柱或内圆柱表面时，可使用机动的纵向进给。车削端面时，可使用机动的横向进给。

（1）纵向机动进给传动链。纵向进给一般用于外圆车削，CA6140 型车床纵向机动进给量有 64 种。当运动由主轴经正常导程的米制螺纹传动路线时，可获得正常进给量。这时的运动平衡式为：

$$f_纵 = 1_{主轴} \times \frac{58}{58} \times \frac{33}{33} \times \frac{63}{100} \times \frac{100}{75} \times \frac{25}{36} \times u_j \times \frac{25}{36} \times \frac{36}{25} \times u_b \times \frac{28}{56} \times$$

$$\frac{36}{32} \times \frac{32}{36} \times \frac{4}{29} \times \frac{40}{48} \times \frac{28}{80} \times \pi \times 2.5 \times 12\ （mm/r）$$

将上式化简可得：

$$f_纵 = 0.711u_j \cdot u_b$$

通过改变 u_j、u_b 的值，可得到 32 种正常进给量（范围为 $0.08 \sim 1.22 mm/r$），其余 32 种进给量可分别通过英制螺纹传动路线和扩大导程传动路线得到。

（2）横向机动进给传动链。横向进给用于端面车削。由传动系统图分析可知，当横向机动进给与纵向进给的传动路线一致时，所得到的横向进给量是纵向进给量的一半，横向与纵向进给量的种数相同，都为 64 种。为了减少丝杠的磨损和便于操纵，纵向和横向机动进给是由光杠经溜板箱传动的。

（3）刀架快速机动移动。为了缩短辅助时间，提高生产效率，CA6140 型卧式车床的刀架可实现快速机动移动。刀架的纵向和横向快速移动由快速移动电动机（$P = 0.25\mathrm{kW}$，$n = 2800\mathrm{r/min}$）传动，经齿轮副 18/24 使轴 XⅫ 高速转动，再经蜗轮蜗杆副 4/29、溜板箱内的转换机构，使刀架实现纵向或横向的快速移动。

第二节　机床初步设计

金属切削机床的初步设计，又称总体方案设计，是一项全局性的设计工作，其任务是研究确定机床产品的最佳设计方案，为技术设计工作提供依据。初步设计工作的质量将影响机床产品的结构、性能、工艺和成本，关系到产品的技术水平和市场竞争能力。机床初步设计主要包括：拟定机床的工艺方案、运动方案，确定技术参数和机床总体布局等。

一、机床工艺方案拟订

机床工艺方案的主要内容有：确定加工方法、刀具类型、工件的工艺基准及夹压方式等。工艺方法在很大程度上决定了机床的类型、规格、运动、技术参数、布局及生产率等。因此，对工件进行工艺分析，通过调查研究拟定出经济合理的工艺方案，是机床设计的重要基础。工艺方案的拟订，应正确处理加工质量、生产率和经济性这三者的关系。

工件是机床的加工对象，是机床设计的依据。不同的工件表面可采用不同的加工方法，但相同的工件表面也可采用不同的加工方法，如平面加工可采用铣、刨、拉、磨、车等；回转表面加工可采用车、钻、镗、拉、磨、铣等。而且，工件的工艺基准、夹压方式及刀具类型等也是各式各样的。可见，一种工件的加工，可采用多种工艺方案来实现，随之所设计的机床也不同。因此，机床是实现工艺方案的一种工具。新工艺方法的出现，必然会促进新型机床的发展。

通用机床在生产中已广泛应用，其工艺比较成熟。通用机床的工艺方案可参照已有的成熟工艺来设计，但有时必须根据市场需求，在传统工艺基础上，扩大工艺范围，以增加机床的功能和适应新工艺发展的需求。例如卧式车床增加仿形刀架附件，在完成传统车削工艺外，还可以进行仿形车削加工。又如立式车床增加磨头附件，还可对大型回转工件进行精加工等。数控加工中心由于采用了刀库和自动换刀装置，形成了可实现多种加工方法、工序高度集中的新型机床。

专用机床工艺方案的拟订，通常根据特定工件的具体加工要求，确定出多种工艺方案，通过方案比较加以确定，常需要绘制出加工示意图或刀具布置图等。

二、机床运动方案拟订

机床运动方案拟订的主要内容有：确定机床运动的类型、传动联系、运动的分配及传动方式等。

（一）机床运动类型的确定

机床运动方案拟定中，首先要确定机床运动的类型。根据运动的功能，可将机床运动划分成表面成形运动和辅助运动两大类。表面成形运动（以下简称成形运动）是保证得到工件要求的表面形状的运动。成形运动又分为简单成形运动和复合成形运动，简单成形运动都是相对独立的旋转运动或直线运动，如外圆车削加工中的工件回转运动和车刀沿工件轴线的直线运动。复合成形运动可分解成两个或两个以上的旋转运动或直线运动，但分解后的旋转运动或直线运动之间必须保持严格的相对运动关系，这种严格的相对运动关系在普通机床上由内联系传动链来完成，在数控机床上由坐标轴之间的联动控制来完成。成形运动根据运动速度和消耗动力的大小又可分为主运动和进给运动，其中主运动是形成机床切削速度或消耗主要动力的成形运动，如车床上工件的旋转运动；进给运动是维持切削连续进行的运动，一般速度较低、动力消耗较小，如车床上刀架的纵向运动和横向运动。根据成形运动的类型，主运动和进给运动可能是简单成形运动，也可能是复合成形运动的一部分。机床辅助运动类型很多，如切入及退刀运动、单行程调整运动、转位运动、各种操纵和控制运动等。

（二）机床运动的分配

由工艺方法确定的成形运动，还只是工件与刀具间的相对运动，因此还会有不同的运动分配形式。机床运动的分配是由多种因素决定的，应由全面的经济技术分析加以确定。一般应注意下述问题：

（1）简化机床的传动和结构。把运动分配给质量小的执行件，如毛坯为棒料的自动车床，由工件旋转作为主运动；对于毛坯为卷料的车床，由于卷料不便于旋转，可由车刀旋转做主运动，形成套车加工。管螺纹加工机床也采用套车加工。

（2）提高加工精度。对于一般钻孔加工，主运动和进给运动都由钻头完成，但在深孔加工中，为了提高被加工孔中心线的直线度，由工件回转运动形成主运动。

（3）缩小占地面积。对于中小型外圆磨床，由于工件长度较小，多由工件移动完成进给运动，对于大型外圆磨床，为了缩短床身、减少占地面积，多采用砂轮架纵向移动实现进给运动。

（三）机床传动形式选择

机床有机械、液压、电气、气动等多种传动形式，每种形式中又可采用不同类型的传动元件。为满足机床运动的功能要求、机床性能和经济要求，要对多种传动方案进行分析、对比，合理选择传动形式，并与机床的整体水平相适应。

三、机床技术参数确定

机床技术参数包括主参数和一般技术参数，一般技术参数又包括机床的尺寸参数、运动参数和动力参数。

（一）主参数

主参数（或称主要规格）是机床最重要的一个或两个技术参数，它表示机床的规格和最大工作能力。通用机床和专门化机床的主参数已有标准规定，并已形成系列。它们通常是机床加工最大工件的尺寸，如卧式车床的主参数是床身上最大的回转直径，铣床的主参数是工作台的宽度，钻床的主参数是最大钻孔直径等。也有例外，如拉床的主参数是指额定拉力。有些机床还有第二主参数，一般是指主轴数、最大跨距或最大加工长度等。专用机床的主参数一般以工件或被加工表面的尺寸参数来代表。

（二）尺寸参数

机床的尺寸参数是指机床的主要结构尺寸，包括与工件有关的尺寸和标准化工具或夹具的安装面尺寸，前者如卧式车床刀架上的最大回转直径，后者如卧式车床主轴前端的锥孔直径及其他有关尺寸等。通用机床的主要尺寸参数已在有关标准中作了规定，其他一般参数可根据使用要求，参考同类同规格机床加以确定。

（三）运动参数

运动参数分主运动参数、进给运动参数两大类。

（1）主运动参数。机床主运动为回转运动时，主运动参数是机床的主轴转速；为直线运动时（如刨、插床），其主运动参数是刀具每分钟的往复次数（次/min），或称双行程数。

主运动是回转运动的专用机床，由于是完成特定工序，通常只需要一种固定的主轴转速，即 $n = 1000v/\pi d$，其中 n 为主轴转速（r/min），v 为切削速度（m/min），d 为工件或刀具直径（mm）。主运动是回转运动的通用机床或专门化机床，需适应不同尺寸、不同材料工件的加工，主轴应在一定范围内实现变速，为此在机床设计中要确定主轴的最高和最低转速，如果采用有级变速，还要确定变速级数和中间各级转速的排列。

①最高转速和最低转速的确定。主轴最高、最低转速可由下式求出：

$$n_{\max} = 1000v_{\max} / (\pi d_{\min}), \quad n_{\min} = 1000v_{\min} / (\pi d_{\max})$$

式中 $n_{\max}$、$n_{\min}$ 为主轴的最高、最低转速，单位为 r/min；$v_{\max}$、$v_{\min}$ 为最高、最低的切削速度，单位为 m/min；$d_{\max}$、$d_{\min}$ 为相应的最大、最小计算直径，单位为 mm。

使用上式时，必须进行调查和分析，在机床的全部工艺范围内，要选择可能出现最低转速和最高转速的若干加工类型，再根据相应的切削速度和加工直径进行计算，从中选定 $n_{\max}$、$n_{\min}$。最大、最小计算直径由下式确定：

$$d_{\max} = k \cdot D, \quad d_{\min} = R_d \cdot d_{\max}$$

式中，D 为机床的最大加工直径，单位为 mm；R_d 为计算直径范围，$R_d = 0.20 \sim 0.35$，卧式车床 $R_d = 0.25$，摇臂钻床 $R_d = 0.20$，多刀车床 $R_d = 0.30$；k 为系数，根据现有机床调查而定，卧式车床 $k = 0.5$，丝杠车床 $k = 0.1$，多刀车床 $k = 0.9$，摇臂钻床 $k = 1.0$。

为给今后工艺和刀具方面的发展留有贮备，一般可将 $n_{\max}$ 的计算值提高 20%～25%。

②主轴转速系列。对于有级变速传动，主轴转速一般按照等比数列，即 $n_1 = n_{\min}$，$n_2 = n_{\min}\varphi$，$n_3 = n_{\min}\varphi^2$，……，$n_Z = n_{\max} = n_{\min}\varphi^{Z-1}$，其中 φ 是主轴转速数列的公比，则变速范围 $R_n = n_{\max}/n_{\min} = \varphi^{Z-1}$，主轴转速级数 $Z = \lg R_n / \lg \varphi + 1$。

主轴转速采用等比级数排列，主要为了实现均匀的相对速度损失。如某一工序要求的合理转速为 n，但是在 Z 级转速中没有这个转速，该转速却处于主轴转

速数列的 n_j 与 n_{j+1} 之间，为了保证刀具的耐用度，一般选取低于理想转速 n 的转速 n_j，此时便会出现所谓相对速度损失 $A=(n-n_j)/n$。当理想转速 n 趋近于 n_{j+1} 时，会出现最大相对速度损失 A_{max}，即：

$$A_{max}=\lim_{n\to n_{j+1}}\frac{n-n_j}{n}=\frac{n_{j+1}-n_j}{n_{j+1}}=1-\frac{1}{\varphi}=\text{const}$$

③标准公比和标准转速数列。为了便于机床的设计与使用，机床主轴转速数列的公比 φ 值已经标准化，如表 2-4。

表 2-4　标准公比 φ

φ	1.06	1.12	1.26	1.41	1.58	1.78	2
$\sqrt[F]{10}$	$\sqrt[40]{10}$	$\sqrt[10]{10}$	$\sqrt[10]{10}$	$\sqrt[20/3]{10}$	$\sqrt[0]{10}$	$\sqrt[4]{10}$	$\sqrt[10/3]{10}$
$\sqrt[E]{2}$	$\sqrt[12]{2}$	$\sqrt[6]{2}$	$\sqrt[3]{2}$	$\sqrt{2}$	$\sqrt[3/]{2}$	$\sqrt[6/5]{2}$	2
A_{max}	5.7%	11%	21%	29%	37%	44%	50%
与 1.06 的关系	1.06^1	1.06^2	1.06^4	1.06^6	1.06^8	1.06^{10}	1.06^{12}

标准公比值的制定原则是：

a. 限制最大相对速度损失 $A_{max}<50\%$，因此 $1<\varphi<2$。

b. 为方便记忆和使用，转速数列为 10 进位，即相隔一定数级，使转速呈 10 倍关系，即 $n_j\varphi^{E_1}=10n_j$（E_1 为相隔的转速级数），$\varphi=\sqrt[E_1]{10}$。

c. 转速数列为 2 进位，即相隔一定级数，使转速成 2 倍关系，以便于采用转速成倍数关系的双速或三速电动机，即 $n_j\varphi^{E_2}=2n_j$（E_2 为相隔的转速级数），$\varphi=\sqrt[E_2]{2}$。

在 7 个标准公比 φ 值中，只有 1.06，1.12 和 1.26 完全满足上述三原则，1.58 和 1.78 仅符合 10 进位，1.41 和 2 仅符合 2 进位。

若采用标准公比时，转速数列可以从表 2-5 中查出。表中列出的是 1~15000 间公比为 1.06 时的全部数值；对于其他标准公比，可根据其与 1.06 的整数次方关系，以整数次方数为间隔查出转速数列。例如某卧式车床 $n_{min}=25$（r/min），$Z=12$，$\varphi=1.41$，则相应转速数列可从 25 查起，按相隔 6 级取值，即 25，35.5，50，71，100，140，200，280，400，560，800，1120。

表 2-5 不仅可用于主轴转速数列，还可用于双行程数列、进给量数列以及机床尺寸和功率等数列。

表 2-5　标准数列

1	2	4	8	16	31.5	63	125	250	500	1000	2000	4000	8000
1.06	2.12	4.25	8.5	17	33.5	67	132	265	530	1060	2120	4250	8500
1.12	2.24	4.5	9	18	35.5	71	140	280	560	1120	2240	4500	9000
1.18	2.36	4.75	9.5	19	37.5	75	150	300	600	1180	2360	4750	9500
1.25	2.5	5	10	20	40	80	160	315	630	1250	2500	5000	10000
1.32	2.65	5.3	10.6	21.2	42.5	85	170	335	670	1320	2650	5300	10600
1.4	2.8	5.6	11.2	22.4	45	90	180	355	710	1400	2800	5600	11200
1.5	3	6	11.8	23.6	47.5	95	190	375	750	1500	3000	6000	II800
1.6	3.15	6.3	12.5	25	50	100	200	400	800	1600	3150	6300	12500
1.7	3.35	6.7	13.2	26.5	53	106	212	425	850	1700	3350	6700	13200
1.8	3.55	7.1	14	28	56	112	224	450	900	1800	3550	7100	14100
1.9	3.75	7.5	15	30	60	118	236	475	950	1900	3750	7500	15000

④标准公比 φ 中的选用。在机床主轴转速范围一定的情况下，公比 φ 越小、相对速度损失越小，则转速级数越多，主传动系统结构越复杂，反之亦然。因此，公比 φ 的选择应根据机床的结构和使用特点合理来确定。一般说来，下列原则可供参考：

a. 小型通用机床，由于工件尺寸小，切削时间较短而辅助时间较长，转速损失的影响不明显，但要求机床结构简单，体积小，因此，可选取较大的标准公比，取 $\varphi=1.58$、1.78 或 2。

b. 中型通用机床，由于应用广泛，兼顾速度损失适当小些和结构不致过于复杂，公比应取中等值，取 $\varphi=1.26$ 或 1.41。

c. 大型通用机床，由于工件尺寸大因而切削时间较长，速度损失影响明显，需选用较合理切速，而主传动系统结构复杂些、体积大些是允许的，因此，应选较小的公比，取 $\varphi=1.06$、1.12、1.26。

d. 自动和半自动机床，用于成批或大批量生产，生产率高，转速损失的影响较为显著，但这类机床转速范围一般不大，且多用交换齿轮变速，因此，公比应选小些，取 $\varphi=1.12$ 或 1.26。

确定主运动参数小结：确定主轴极限转速 n_{min} 和 n_{max}；初定主轴变速范围 $R_n=n_{max}/n_{min}$；选定公比 φ 值；确定主轴转速级数 $Z=(\lg R_n/\lg\varphi)+1$，并取整数；选定主轴各级转速值；修正主轴变速范围 R_n。

（2）进给运动参数。数控机床的进给运动均采用无级调速方式，普通机床的进给运动既有无级调速方式，又有有级调速方式。

采用有级变速时，进给量一般为等比级数排列，其确定方法与主轴转速的确定方法相同，即首先根据工艺要求确定最大、最小进给量，然后选取进给量数列的公比或级数。

对于各种螺纹加工的机床，如卧式车床、螺纹车床和螺纹铣床等，因被加工螺纹的导程是分段成等差级数，因此，进给量也必须分段成等差级数排列。对于刨床和插床，若采用棘轮结构，由于受结构限制，进给量也设计成等差数列。

（四）动力参数

机床动力参数包括电动机的功率，液压缸的牵引力，液压马达、伺服电动机或步进电动机的额定转矩等。各传动件的参数（如轴或丝杠的直径、齿轮与蜗轮的模数等），都是根据动力参数设计计算的。机床的动力参数可通过调查类比法、试验法和计算法加以确定。

（1）调查法。对国内外同类型、同规格机床的动力参数进行统计分析，对用户使用或加工情况进行调查分析，作为选定动力参数的依据。

（2）试验法。利用现有的同类型、同规格机床进行若干典型的切削加工试验，测定有关电动机及动力源的输入功率，作为确定新产品动力参数的依据，这是一种简便、可靠的方法。

（3）计算法。对动力参数可进行估算或近似计算。专用机床由于工况单一，通过计算可得到比较可靠的结果。通用机床工况复杂，切削用量变化范围大，计算结果只能作为参考。

①主电动机功率的估算。在主传动结构尚未确定之前，主电动机功率可按下式估算：

$$P_E = P_m / \eta_m$$

式中，P_E 为主电动机功率，单位为 kW；P_m 为切削功率，单位为 kW；η_m 为主传动系统结构传动效率的估算值。对于通用机床，$\eta_m = 0.70 \sim 0.85$，结构简单、速度较低时取大值，反之取小值。切削功率 P_m 应通过工艺分析来确定。

②主电动机功率的近似计算。在主传动系统的结构确定之后，可进行主电动机功率的近似计算：

$$P_E = P_0 + P_{m/\eta}$$

式中，P_0 为主传动系统的空载功率，单位为 kW；η 为主传动系统的机械效率，等于各传动副机械效率的乘积，即 $\eta = \eta_1 \eta_2 \eta_3 \cdots$。空载功率 P_0 是指消耗于机床空转时的功率损失，其主要影响因素是各传动件空转时的摩擦、搅油、空气阻力等，与传动件的预紧状态及装配质量有关。中型机床可用下列实验公式进行计算：

$$P_0 = k\ (3.5d_a \sum n_i + ncd_m)\ \times 10^6$$

式中，d_m 为主轴前后轴颈的平均直径，单位为 mm；n 为主轴转速，单位为 r/min，应取切削功率 P_m 计算条件下的主轴转速，如果求 P_{0max}，则取主轴最高转速 n_{max}；d_a 为主传动系统中除主轴外所有传动轴的轴颈的平均直径，单位为 mm；$\sum n_i$ 为当主轴转速为 n 时，除主轴外所有运转的传动轴转速之和，单位为 r/min；c 为轴承系数，滚动或滑动两支承主轴 $c = 8.5$，滚动三支承主轴 $c = 10$；k 为润滑油黏度影响系数，30 号机油 $k = 1.0$，20 号机油 $k = 0.9$，10 号机油 $k = 0.75$。

③进给运动电动机功率确定。进给运动电动机功率的确定，可按下述 3 种情况考虑。

a. 进给运动与主运动共用电动机。进给运动所需功率远小于主运动，如卧式车床、六角车床仅占 3%～4%，钻床占 4%～5%，铣床占 10%～15%。

b. 进给运动与快速移动共用电动机。因快速移动所得功率远大于进给运动，且二者不同时工作，可只考虑快移所需功率或转矩。

c. 进给运动采用单独电动机。因所需功率很小，可根据主电动机功率估算进给电动机功率。也可按下式计算：

$$P_f = Qv_f/6000\eta_f$$

式中，P_f 为进给电动机功率，单位为 kW；Q 为进给牵引力，单位为 N。进给牵引力等于进给方向上切削分力和摩擦力之和，进给牵引力的估算公式见表 2-6；v_f 为进给速度，单位为 m/min；η_f 为进给传动系统的机械效率。

表 2-6　进给牵引力的估算

进给形式　　导轨形式	水平进给	垂直进给
三角形或三角形与矩形组合导轨	$KF_Z + f'\ (F_X + F_G)$	$K\ (F_Z + F_G) + f'F_X$
矩形导轨	$KF_Z + f'\ (F_X + F_Y + F_G)$	$K\ (F_Z + F_G) + f'\ (F_X + F_Y)$
燕尾形导轨	$KF_Z + f'\ (F_X + 2F_Y + F_G)$	$K\ (F_Z + Fc) + f'\ (F_X + 2F_Y)$
钻床主轴		$F_Q \approx F_f + f\ (2T/d)$

表中，F_G 为移动件的重力，N；F_Z、F_Y、F_X 为切削力的三向分力，单位为 N（在局部坐标系内），其中 F_Z 为进给方向的分力，F_X 为垂直导轨面的力，F_Y 为横向力；F_f 为钻削进给抗力，单位为 N；f' 为当量摩擦因数，在正常润滑条件下，铸铁对铸铁的三角形导轨的 $f' = 0.17 \sim 0.18$，矩形导轨的 $f' = 0.12 \sim 0.13$，燕尾形导轨的 $f' = 0.2$，铸铁对塑料的 $f' = 0.02 \sim 0.05$，滚动导轨的 $f' = 0.01$ 左右；f 为钻床主轴套筒上的摩擦因数；K 为考虑颠覆力矩影响的系数，三角形和矩形导轨的 $K = 0.1 \sim 1.15$，燕尾形导轨的 $K = 1.4$；d 为主轴直径，单位为 mm；T 为主轴的转矩，单位为 N·mm。

④快速移动电动机功率和转矩的确定。快速移动电动机启动时所需的功率和转矩最大，要同时克服移动部件的惯性力和摩擦力，即：$P_k = P_1 + P_2$，其中 P_k 是快速移动电动机功率，单位为 kW，P_1 是克服惯性力所需功率，单位为 kW，P_2 是克服摩擦力所需功率，单位为 kW，可参考进给运动计算。

$$P_1 = M_1 n / (9500\eta)$$

式中，M_1 为系统折算到电动机轴上的转矩，单位为 N·m；n 为电动机转速，单位为 r/min，η 为传动系统的机械效率。

$$M_1 = J_{w/t_a} = J\pi n / (30 t_a)$$

式中，J 为折算到电动机轴上的当量转动惯量（包括电动机转子的转动惯量），单位为 kg·m²；w 为电动机的角速度，单位为 rad/s；t_a 比为电动机的启动时间，单位为 s；中型普通机床 $t_a = 0.5\text{s}$，大型普通机床 $t_a = 1.0\text{s}$，数控机床可取伺服电动机机械时间常数的 3～4 倍。

$$J = \sum_k J_k \left(\frac{w_k}{w}\right)^2 + \sum_i m_i \left(\frac{v_i}{w}\right)^2$$

式中，w_k 为各旋转体的角速度，单位为 rad/s；J_k 为各旋转体的转动惯量，单位为 kg·m²；v_i 为各直线移动件的速度，单位为 m/s；m_i 为各直线移动件的质量，单位为 kg。

应该指出，P_1 仅在启动过程中存在，当电动机正常运行时即消失。交流异步电动机的启动转矩为额定转矩的 1.6～1.8 倍；此外，快速移动的时间一般很短，而电动机工作中允许短时间过载，输出转矩可为额定转矩的 1.8～2.2 倍。为了减少快移电动机的功率，一般不按功率 P_k 选择电动机，而是根据启动转矩来选择，即 $M_q > 9500 P_k / n$，其中 M_q 为交流电动机的启动转矩（N·m）。

四、机床总体布局设计

在机床的运动方案及主要技术参数确定后，应进行机床的总体布局设计，机床总体布局的主要内容有：确定机床形式、机床主要零部件及其相对位置关系等；需绘制机床的总体尺寸联系图，应表明机床的主要组成部分的外形尺寸及其相互位置的联系尺寸，保证工件与刀具间、其他各部件间所必需的相对运动和相互位置。这是进一步开展技术设计的依据，也是机床未来调整和安装的依据。机床总体布局设计及尺寸联系图的绘制是很难一次完成的，要由粗到精、由简到繁，需要多次反复修改和补充，逐步完善而成，即使在技术设计阶段，也可能做某些局部调整与修改。当机床的各部件设计完毕后，一般用机床总图代表尺寸联系图。

经过长期的生产实践，通用机床和某些专门化机床的布局已形成了传统形式，如卧式、立式、斜置式、单臂式、龙门式等。专用机床则要根据加工工件的工艺方案和运动方案来确定，形式可以多种多样。机床的总体布局设计直接影响机床的性能、使用和外观造型，在此项工作中既要注意吸收传统布局的优点，又要注意根据技术发展富于创新性。在机床总体布局设计中应注意下述要求。

（1）工件特征要求。机床上被加工工件的形状、尺寸和重量等特征对机床总体布局有着重要影响。例如车削轴类和盘套类工件时，可采用卧式车床布局，如图 2-15（a）所示。若车削直径较大但重量不大的盘、环类工件时，可采用落地式布局，主轴箱和刀架分别安装在地基上，如图 2-15（b）所示。对重量大、短而粗工件的车削，可采用立式车床布局，其中，加工直径较小（$D \leqslant 1600\text{mm}$）时可采用单立柱式布局，如图 2-15（c）所示；加工直径较大（$D \geqslant 2000\text{mm}$）时采用双立柱式布局，如图 2-15（d）所示。其他各类普通机床总体布局的差异，也大多与工件特征有关。

（2）机床性能要求。根据机床性能要求，在总体布局上采取相应措施。为了提高机床的加工精度，在总体布局中要缩短传动链，改善受力状况，提高刚度、减少振动和热变形的影响等。如丝杠车床取消了进给箱，由挂轮实现主轴与丝杠间的传动联系，缩短传动链；将丝杠布置在床身两导轨之间，消除了力矩的影响。为了提高刚度、减少振动，龙门刨床、龙门铣床和坐标镗床等采用整体式框架结构；为了减小电动机、变速箱的振动和发热对主轴的影响，采用分离式传动；单独布置液压站，将液压传动的油箱等与床身分开，减少液压油温度对机床的影响等。

（3）生产批量要求。工件的生产批量对机床布局有重要影响。对于单件小批量生产，若加工精度和生产率要求不高，采用工艺范围广、调整方便、成本和生产率较低的普通机床布局；若要求较高，则采用数控机床和加工中心布局。对于大批量生产，可采用工艺范围较窄但适于高生产率要求的布局，例如车削盘类工件，可分别采用卧式车床、转塔式车床、多刀半自动车床、立式多轴半自动车床等。

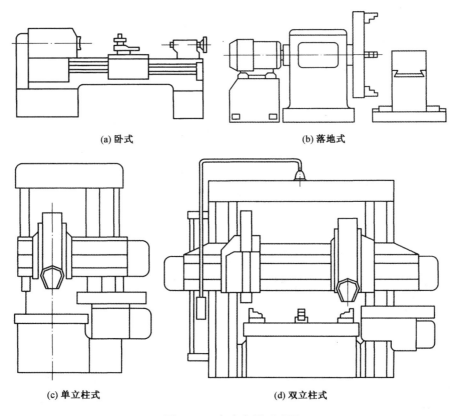

(a) 卧式　　　　　　　　　　(b) 落地式

(c) 单立柱式　　　　　　　　　(d) 双立柱式

图 2-15　车床布局形式图

（4）宜人性要求。机床布局必须符合人机工程原理，处理好人机关系，方便对机床的操作、观察与调整。例如普通卧式车床采用水平式床身，操纵、观察与调整方便，但数控车床一般不需要手工操作，可采用倾斜式床身，刀架位于上方或斜上方，方便操作者的观察，同时便于排屑、改善机床的受力状况。大型立车和落地式镗铣床将基础部分落入地坑中，使操纵台略高于地面，减少了操作者的登高。机床的外观造型应在总体布局设计中基本完成，要注意把机床的使用功能、物质技术条件与产品的艺术形象统一起来，贯穿于总体布局设计的始终。

五、并联机床设计创新

20 世纪 90 年代发展起来的并联机床，是机床史上受人瞩目的重大创新。最早的两台并联机床样机，于 1994 年首次在芝加哥国际机床展览会上展出，立即引起轰动，被誉为"21 世纪机床结构的最大变革与创新""21 世纪机床"等，其工作原理如图 2-16 所示。在机床下方的固定平台 1 上安装工件，在上方的运动平台 2 上装有主轴和刀具，两个平台之间采用 6 杆并联结构。通过数控系统、伺服电动机可改变 6 个驱动杆（滚珠丝杠副）长度，使带有刀具的运动平台的位姿（位置和姿态）发生变化，即可实现切削加工。这种新型机床尚未统一命名，可称为并联机床、并联机器人机床和虚轴机床等。

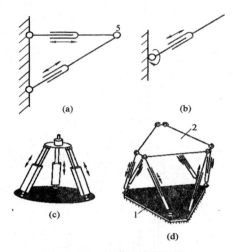

图 2-16　并联机床原理图

（1）并联机床特点。并联机床与串联机构传统机床相比，有下述优点：

①速度高。由于运动平台质量小，加工速度与加速度大，响应速度快。

②刚度高。各驱动杆只受拉力或压力，而无弯矩作用，刚度重量比大。

③精度高。加工误差可抵消而不积累，可提高加工精度。

④柔性大。硬件简单，软件复杂，可实现 6 轴甚至 8 轴联动，便于重组，可进行铣、钻、磨、抛光以及异形刀具的刃磨等各类加工，如安装机械手腕、测头和摄像机等末段执行件，还可进行精密装配及测量等作业。

（2）并联机床发展趋势。并联机床近年在国外显示出强劲的发展势头，我国在这方面的发展也很快，可望成为 21 世纪高速轻型数控加工的主力设备。研究总体方案设计是并联机床开发的首要环节。总体方案应在满足给定自由度条件下，寻求并联机构驱动件的合理配置、驱动方式和总体布局的最优组合，并在运动学、动力学及精度设计方面加快进展。目前，并联机床一个重要发展趋势是采用串并联的混联机构，分别实现平动与转动自由度，可加大工作空间和增强可重组性。此外，采用传统机床成熟驱动方式实现两个方向的平动，用并联机构实现转动和另一方向的平动，工作空间还可加大，加工精度更易保证。

第三节　机床主传动系统设计

机床主传动系统是实现机床主运动的传动系统，属于外联系传动链，其功用是：将一定的动力由动力源传递给执行件（如主轴、工作台）；保证执行件具有一定的转速（或速度）和足够的转速范围；能够方便地实现运动的开停、变速、换向和制动等。多数通用机床及专门化机床的主运动是有变速要求的回转运动。机床主传动系统的主要构成部分为动力源、主轴组件、变速装置、定比传动机构、开停、制动和换向装置、操纵机构等。机床主传动系统设计有下列要求：

（1）主轴具有一定的转速和足够的转速范围、转速级数，能够实现运动的开停、变速、换向和制动，以满足机床的运动要求。

（2）主电动机具有足够的功率，全部机构和元件具有足够的强度和刚度，以满足机床的动力要求。

（3）主传动的有关结构，特别是主轴组件要有足够的精度、抗振性，温升和噪声要小，传动效率要高，以满足机床的工作性能要求。

（4）操纵灵活可靠，调整维修方便。

（5）润滑密封良好，以满足机床的使用要求。

（6）结构简单紧凑，工艺性好，成本低，以满足经济性要求。

机床主传动系统的设计内容和程序：主传动的运动参数和动力参数及传动方案确定之后，进行运动设计、动力设计和结构设计等。

一、主传动系统方案确定

机床主传动系统方案包括选择传动布局，选择变速、开停、制动及换向方式。

（一）传动布局选择

有变速要求的主传动，可分为集中传动式和分离传动式两种布局方式，如图 2-17 所示。

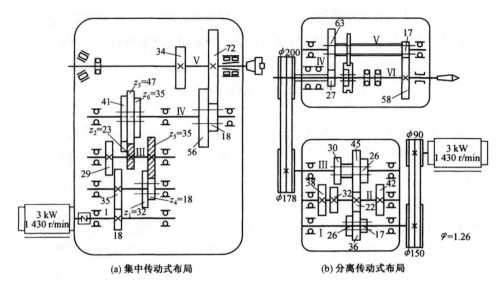

图 2-17　传动布局图

（1）集中传动式布局。把主轴组件和主传动的全部变速机构集中于同一个箱体内［图2-17（a）］，称为集中传动式布局，一般将该部件称为主轴变速箱。目前，多数机床采用这种布局方式。其优点是：结构紧凑，便于实现集中操纵；箱体数少，在机床上安装、调整方便。缺点是：传动件的振动和发热会直接影响主轴的工作精度，降低加工质量。集中传动式布局适用于普通精度的中型和大型机床。

（2）分离传动式布局。把主轴组件和主传动的大部分变速机构分离装于两个箱体内［图2-17（b）］，称为分离传动式布局，并将这两个部件分别称为主轴箱和变速箱，中间一般采用带传动。某些高速和精密机床采用这种传动布局方式。其优点是变速箱中的振动和热量不易传给主轴，从而减少主轴的振动和热变形。当主轴箱采用带轮传动时，主轴通过带传动直接得到高转速，故运转平稳，加工表面质量高。缺点是箱体数多，加工、装配工作量较大，成本较高；带传动在低转速时传递转矩较大，容易打滑；更换传动带不方便等。这种布局形式适用于中、小型高速或精密机床。

（二）变速方式选择

机床主传动的变速方式可分为无级变速和有级变速两种。

（1）无级变速。无级变速是指在一定速度（或转速）范围内能连续、任意地变速。其优点是可选用最合理的切削速度、没有速度损失、生产率高、一般可在运转中变速、减少辅助时间、操纵方便、传动平稳等，因此在机床上应用有所增加。机床主传动采用的无级变速装置主要有以下几种。

①机械无级变速器。机械无级变速器靠摩擦传递转矩，通过摩擦传动副工作半径的变化实现无级变速。机构较复杂，维修较困难，效率低；摩擦传动的压紧力较大，影响工作可靠性及寿命；变速范围较窄（变速比不超过10），需要与有级变速箱串联使用。多用于中小型机床。

②液压无级变速器。通过改变单位时间内输入液压缸或液动机中的液体量来实现无级变速。其特点是变速范围较大、传动平稳、运动换向时冲击小、变速方便等。

③电气无级调速器。电气无级调速器采用直流和交流调速电动机来实现，主要用于数控机床、精密和大型机床。直流并激电动机从额定转速到最高转速之间是用调节磁场（简称调磁）的方式实现调速，为恒功率调速段；从最低转速到额定转速之间是用调节电枢电压（简称调压）的方式进行调整，为恒转矩调速段。恒功率调速范围为2~4，恒转矩调速范围较大，可达几十甚至上百。额定转速通常在1000~2000r/min范围内。直流电动机在早期的数控机床上应用较多。

交流调速电动机通常采用变频调速方式进行调速，调速效率高，性能好，调速范围较宽，恒功率调速范围可达5甚至更大，额定转速为1500r/min或2000r/min等，没有电刷和换向器，采用全封闭外壳，体积小、重量轻，对灰尘和切削液防护好，应用越来越普遍，已逐渐取代直流调速电动机。直流和交流调速电动机的调速范围和功率特性如图2-18所示。

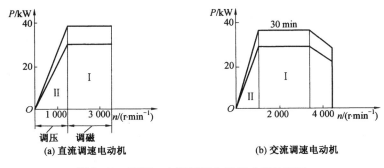

图2-18　直流、交流调速电动机功率特性图

（2）有级变速。有级（或分级）变速是指在若干固定速度（或转速）级内不连续地变速。这是普通机床应用最广泛的一种变速方式，其传递功率大，变速

范围大，传动比准确，工作可靠。但速度不能连续变化，有速度损失，传动不够平稳。通常由下述机构实现变速：

①滑移齿轮变速机构。滑移齿轮变速机构应用最普通，优点是：变速范围大，实现的转速级数多；变速较方便，可传递较大功率，非工作齿轮不啮合，空载功率损失较小。缺点是：变速箱结构较复杂；滑移齿轮多采用直齿圆柱齿轮，承载能力不如斜齿圆柱齿轮；传动不够平稳；不能在运转中变速。滑移齿轮多采用双联和三联齿轮，结构简单，轴向尺寸小。个别也采用四联滑移齿轮，但轴向尺寸大，也可将四联齿轮分成两组双联齿轮，但需连锁。

②交换齿轮变速机构。交换齿轮（又称配换齿轮、挂轮）变速的优点是：结构简单，不需要操纵机构；轴向尺寸小，变速箱结构紧凑；主动齿轮与从动齿轮可以对调使用，齿轮数量少。缺点是：更换齿轮费时费力；装于悬臂轴端，刚性差。适用于不需要经常变速或者挂轮时间对生产率影响不大，但要求结构简单紧凑的机床，如成批大量生产的某些自动或半自动机床、专门化机床等。

③多速电动机。多速交流异步电动机本身能够变速，多为双速或三速。其优点是：在运转中变速，使用方便；简化变速箱的机械结构。缺点是：多速电动机在高、低速时输出功率不同。按低速小功率选定电动机，使用高速时大功率不能完全发挥能力；多速电动机体积较大，价格较高。适用于自动或半自动机床、普通机床。

④离合器变速机构。机床主轴上有斜齿轮（$\beta > 15°$）、人字齿轮或重型机床的传动齿轮又大又重时，不能采用滑移齿轮变速，可采用齿轮式或牙嵌式离合器变速。其特点是：结构简单，外形尺寸小；传动比准确，工作中不打滑；能传递较大转矩；但不能在运转中变速。片式摩擦离合器可实现运转中变速，接合平稳，冲击小；但结构较复杂，摩擦片间存在相对滑动，发热较大。主传动多采用液压或电磁片式摩擦离合器。电磁离合器不能装在主轴上，以免因发热、剩磁现象影响主轴正常工作。片式摩擦离合器多用于自动或半自动机床。

变速用离合器在主传动系统中的安放位置应注意两个问题：其一，尽量将离合器放置在高速轴上，可减小传递的转矩，缩小离合器尺寸。其二，应避免超速现象。当变速机构接通一条传动路线时，在另一条传动路线上的传动件（如齿轮、传动轴）高速空转，称为"超速"现象。这是不允许的，会加剧传动件、离合器的磨损，增加空载功率损失，增加发热和噪声。如图 2-19 所示：I 轴为主动轴，转速 n_I，II 轴为从动轴，转速 n_{II}。图（a）为接通 M_1、脱开 M_2 时，小齿轮 Z_3 的空转转速等于（80/40）×（96/24）·$n_I = 8n_I$，Z_3 与 I 轴的相对转

速为 $8n_I - n_I = 7n_I$，Z_3 出现超速现象。同理，图（b）Z_3 也超速；图（c）、（d）则未超速。当两对齿轮的传动比相差悬殊时，特别要注意检查小齿轮是否产生超速现象。

根据机床的不同使用要求和结构特点，上述各种变速装置可单独使用，也可以组合使用。例如，CA6140 型卧式车床的主传动，主要采用滑移齿轮变速，也采用了齿轮式离合器。

CB3463—1 型液压半自动转塔车床的主传动，采用多速电动机、滑移齿轮和液压片式摩擦离合器变速机构。

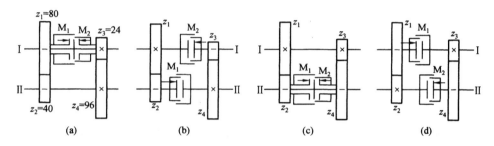

图 2-19　离合器变速机构的超速现象

（三）开停方式选择

控制主轴启动与停止的开停方式：

（1）电动机开停。电动机开停的优点是操纵方便省力，简化机械结构。缺点是直接启动电动机，冲击较大；频繁启动会造成电动机发热甚至烧损；若电动机功率大且经常启动时，启动电流会影响车间电网的正常供电。电动机开停适用于功率较小或启动不频繁的机床，如铣床、磨床及中小型卧式车床等。若几个传动链共用一个电动机且不同时开停时，不能采用这种方式。

（2）机械开停。在电动机不停止运转的情况下，可采用机械开停方式使主轴启动或停止。

①锥式和片式摩擦离合器。可用于高速运转的离合，离合过程平稳，冲击小，容易控制主轴停转位置，离合器还能兼起过载保护作用。这种离合器应用较多，如卧式车床、摇臂钻床等。

②齿轮式和牙嵌式离合器。仅用于低速运转的离合，结构简单，尺寸较小，传动比准确，能传递较大转矩，但在离合过程中齿端有冲击和磨损。

应优先采用电动机开停方式，当开停频繁、电动机功率较大或有其他要求时，可采用机械开停方式。另外，尽可能将开停装置放在传动链前面且转速较高的传动轴上。

（四）制动方式选择

有些机床主运动不需制动，如磨床和一般组合机床。但多数机床需要制动，如卧式车床、摇臂钻床和镗床。装卸及测量工件、更换刀具和调整机床时，要求主轴尽快停止转动；机床发生故障或事故时，要求能够及时刹车，以避免更大损失。主传动的制动方式可分为电动机制动和机械制动两种。

（1）电动机制动。制动时，让电动机的转矩方向与其实际转向相反，使之减速而迅速停转，多采用反接制动、能耗制动等。电动机制动操纵方便省力，简化机械结构。但频繁制动时，电动机易发热甚至烧损。因此，反接制动适用于直接开停的中小功率电动机，制动不频繁、制动平稳性要求不高以及具有反转的主传动。

（2）机械制动。在电动机不停转情况下需要制动时，可采用机械制动方式。

①闸带式制动器。闸带式制动器结构简单，轴向尺寸小，能以较小的操纵力产生较大的制动力矩；但径向尺寸较大，制动时在制动轮上产生较大的径向单侧压力，对所在传动轴有不良影响，故多用于中小型机床、惯量不大的主传动（如CA6140 型卧式车床）。

②闸瓦式制动器。闸瓦式制动器结构简单，操纵方便；制动时对制动轮有很大径向单侧压力，制动力矩小，闸块磨损较快，故多用于中小型机床、惯量不大且制动要求不高的主传动（如多刀半自动车床）。

③片式摩擦制动器。制动时对轴不产生径向单侧压力，制动灵活平稳，但结构较复杂，轴向尺寸较大，可用于各种机床的主运动（如 Z3040 型摇臂钻床、CW6163 型卧式车床等）。

应优先采用电动机制动方式。对于制动频繁、传动链较长、惯量较大的主传动，可采用机械制动方式。应将制动器放在接近主轴且转速较高的传动件上，这样制动力矩小，结构紧凑，制动平稳。

（五）换向方式选择

有些机床主运动不需要换向，如磨床、多刀半自动车床及一般组合机床，但多数机床需要换向。换向有两种不同目的：一是正反向都用于切削，工作中不需要变换转向（如铣床），正反向的转速、转速级数及传递动力应相同；二是正转用于切削而反转主要用于空行程，并在工作过程中需要经常变换转向（如卧式车床、钻床），为了提高生产率，反向应比正向的转速高、转速级数少、传递动力小。主传动换向方式分为电动机换向和机械换向（圆柱齿轮-多片摩擦离合器）两种。

二、主传动有级变速系统

机床主传动运动设计的任务是按照已确定的运动参数、动力参数和传动方案，设计出经济合理、性能先进的传动系统。其主要设计内容为：拟定结构式或结构网；拟定转速图；确定各传动副的传动比；确定带轮直径、齿轮齿数；布置、排列齿轮，绘制传动系统图。

（一）转速图

转速图是分析和设计机床变速系统的重要工具。转速图由"三线一点"组成：传动轴格线、转速格线、传动线和转速点。图 2-20（a）是某机床主传动系统图，其传动路线表达式是：

$$\text{主电动机}\left(\dfrac{1400\text{r/min}}{4\text{kW}}\right)-\dfrac{\phi110}{\phi194}-\text{I}-\begin{bmatrix}\dfrac{36}{36}\\[6pt]\dfrac{30}{42}\\[6pt]\dfrac{24}{48}\end{bmatrix}-\text{II}-\begin{bmatrix}\dfrac{44}{44}\\[12pt]\dfrac{23}{65}\end{bmatrix}-\text{III}-\begin{bmatrix}\dfrac{76}{38}\\[12pt]\dfrac{19}{76}\end{bmatrix}-\text{IV（主轴）}$$

图 2-20（b）为该传动系统的转速图（转速图多为立式排列，亦可卧式排列）。

（1）传动轴格线。传动轴格线是间距相同的竖直格线，表示各传动轴，自左而右依次标注 0、I、II、III、IV，与传动系统图的各轴对应。

（2）转速格线。转速格线是间距相同的水平格线，表示转速的对数坐标。由于主轴转速是个等比数列，则相邻两转速有下列关系 $n_2/n_1=\varphi$，$n_3/n_2=\varphi$，$n_4/n_3=\varphi$，……，$n_z/n_{z-1}=\varphi$，两边取对数，有 $\lg n_2-\lg n_1=\lg\varphi$，$\lg n_3-\lg n_2=\lg\varphi$，$\lg n_4-\lg n_3=\lg\varphi$，……，$\lg n_z-\lg n_{z-1}=\lg\varphi$。

可见，任意相邻两转速的对数之差均为同一数 $\lg\varphi$，将转速坐标取为对数坐标时，则任意相邻两转速都相距一格。为了方便，转速图上不写 $\lg$ 符号，而是直接标出转速值（即对数真值）。转速格线间距大小，并不代表公比 φ 的数值大小。

（3）转速点。转速点是传动轴格线上的圆点（或圆圈），表示该轴具有的转速。如IV轴（主轴）上的12个圆点，表示具有12级转速。

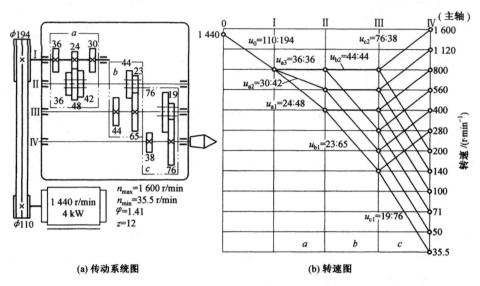

（a）传动系统图　　　　　　　　　　（b）转速图

图 2-20　机床主传动系统

（4）传动线。传动线是传动轴格线间的转速点连线，表示相应传动副的传动比。传动线（或称传动比连线）的3个特点是：

①传动线的高差表明传动比的数值。传动线的倾斜程度反映传动比的大小。传动线水平，表示等速传动，$u=1$；传动线向下方倾斜（按传动方向由主动转速点引向从动转速点），表示降速传动，$u<1$；反之，传动线向上方倾斜，表示升速传动，$u>1$。倾斜程度越大，表示降速比或升速比也越大。因此，传动比的数值 φ^x 可用传动线的高差 x（从动转速点与主动转速点相差的格数）来表示。例如第一变速组（a 组），水平传动线的高差为0，传动比 $u_{a3}=\varphi^0=1$（36：36）；下斜1格的传动线，高差为-1，$u_{a2}=\varphi^{-1}=1/1.41$（30：42）；下斜2格的传动线，高差为-2，$u_{a1}=\varphi^{-2}=1.41^{-2}=1/2$（24：48）。

②一个主动转速点引出的传动线数目表示该变速组中不同传动比的传动副数。如第一变速组，由I轴的主动转速点向II轴引出3条传动线，表示该变速组有三对传动副。

③两条传动轴格线间相互平行的传动线表示同一个传动副的传动比。如第三变速组（c 组），当III轴为800r/min时，通过升速传动副（76：38）使主轴得到1600r/min。因III轴共有6级转速，通过该传动副可使主轴得到6级高转速

280~1600r/min，所以上斜的 6 条平行传动线都表示同一个升速传动副的传动比。

转速图可表达传动轴的数目、主轴及各传动轴的转速级数、转速值及其传动路线、变速组的个数及传动顺序、各变速组的传动副数及其传动比数值、变速规律（级比规律）等。

（二）变速规律（级比规律）

图 2-20 机床主轴的 12 级转速是由 3 个变速传动组（简称变速组或传动组）串联起来的变速系统实现的。这是主传动变速系统的基本形式，或常规变速系统，即以单速电动机驱动，由若干变速组串联起来的、使主轴得到既不重复又排列均匀（指单一公比）的等比数列转速的变速系统。基本形式变速系统中各个变速组具有下列变速特性。

（1）基本组的变速特性。变速组 a 的 3 个传动比也是公比为 φ 的等比数列，即 $u_{a2}/u_{a1} = \varphi^{-1}/\varphi^{-2} = \varphi$，$u_{a3}/u_{a2} = \varphi'\varphi^{-1} = \varphi$。使 Ⅱ 轴得到三级转速（400r/min，560r/min，800r/min）均相差 1 格，同样是公比为 φ 的等比转速数列。在其他变速组不改变传动比的条件下，该变速组可使主轴得到三级公比为 φ 的转速。可见，这个变速组是实现主轴等比转速数列的基本的、不可或缺的变速组，故称为基本变速组，简称基本组。

为了分析问题方便，把变速组传动比数列中相邻两个传动比的比值（大于1）称为传动比的级比，简称为级比，用 φ^{x_i} 表示；并把级比值 φ^{x_i} 指数 x_i 称为级比指数。因此，基本组的级比 $\varphi^{x_0} = \varphi^1$，级比指数 $x_0 = 1$。基本组的变速特性：变速系统必有 1 个基本组，级比指数 $x_0 = 1$。转速图上的基本组，相邻两条传动线拉开 1 格。

（2）第一扩大组的变速特性。变速组 b 的级比为 $u_{b2}/u_{b1} = \varphi^3$，级比指数为 3，即两条传动线拉开 3 格，使 Ⅲ 轴得到 6 级转速（140~800r/min）。该变速组可使主轴转速扩大到 6 级连续的等比转速数列。在基本组的基础上，该变速组起到第一次扩大变速的作用，称为第一扩大变速组，简称第一扩大组。

由图 2-20 可见，第一扩大组的级比指数 x_1 应等于基本组的传动副数 $p_0 = 3$，否则会造成主轴转速重复或转速排列不均匀现象。第一扩大组的变速特性：级比指数 x_1 等于基本组的传动副数 p_0，即 $x_1 = p_0$。转速图上的第一扩大组，相邻两条传动线拉开的格数等于基本组的传动副数。

（3）第二扩大组的变速特性。变速组 c 的级比为 $u_{c2}/u_{c1} = 6$，级比指数为 6，即传动线拉开 6 格。通过这个变速组使主轴转速进一步扩大为 12 级连续的等比转速数列，它起到第二次扩大变速的作用，故称为第二扩大变速组，简称第二扩大组；它又是这个变速系统的"最后扩大组"。第二扩大组的级比指数 $x_2 = 6$。第二扩大组的变速特性是：第二扩大组的级比指数 x_2 等于基本组的传动副数 p_0 和第一扩大组的传动副数 p_1 的乘积，即 $x_2 = p_0 p_1$。转速图上的第二扩大组，其相邻两条传动线拉开的倍数等于基本组的传动副数和第一扩大组的传动副数的乘积。

如果变速系统还有第三扩大组、第四扩大组……可以此类推得知各扩大组的变速特性。在转速图上寻找基本组和各扩大组时，可根据其变速特性，先找基本组，再依其扩大顺序找第一扩大组、第二扩大组……。综上所述，变速系统中各变速组必须遵守变速规律（级比规律）：

①基本组的级比指数必等于 1，即 $x_0 = 1$。

②任一扩大组的级比指数必大于 1，且等于基本组传动副数与该扩大组之前（按扩大顺序计）各扩大组的传动副数的乘积，即 $x_i = p_0 p_1 p_2 \cdots p_{i-1}$，见表 2-7。

表 2-7　各变速组的级比、级比指数和变速范围

变速组	传动副数 p_i	级比指数 x_i	级比 φ_i^x	变速范围 r_i
基本组	p_0	$x_0 = 1$	$\varphi^{x_0} = \varphi$	$r_0 = \varphi^{x_0(p_0-1)} = \varphi^{(p_0-1)}$
第一扩大组	p_1	$x_1 = p_0$	$\varphi^{x_1} = \varphi^{p_0}$	$r_1 = \varphi^{x_1(p_1-1)} = \varphi^{(p_0(p_1-1))}$
第二扩大组	p_2	$x_2 = p_0 p_1$	$\varphi^{x_2} = \varphi^{p_0 p_1}$	$r_2 = \varphi^{x_2(p_2-1)} = \varphi^{p_0 p_1(p_2-1)}$
⋮	⋮	⋮	⋮	⋮
第 i 扩大组	p_i	$x_i = p_0 p_1 p_2 \cdots p_{i-1}$	$\varphi^{x_i} = \varphi^{p_0 p_1 p_2 \cdots p_{i-1}}$	$r_i = \varphi^{x_2(p_i-1)} = \varphi^{p_0 p_1 p_2 \cdots (p_i-1)}$

（三）变速组的变速范围

变速组的最大传动比 u_{imax} 与最小传动比 u_{imin} 之比，称为该变速组的变速范围，即 $r_i = u_{imax} / u_{imin} = \varphi^{x_i(p_i-1)}$，变速组变速范围 r_i 值中 φ 的指数，等于该变速组的级比指数 x_i 与其传动副数减 1（即 p_i-1）的乘积；也就是该变速组中最高传动线与最低传动线所拉开的格数。基型变速系统变速组的变速范围数值见表 2-7，由表可见，最后扩大组的变速范围 r 为最大。

主轴的转速范围（或变速范围）R_n 等于各变速组的变速范围的乘积，即 $R_n = r_0 r_1 \cdots r_i \cdots r_j$，主轴的转速级数为 $Z = p_0 p_1 p_2 p_3 \cdots$。

（四）结构网和结构式

设计主传动变速系统时，为了便于分析、比较各变速组的变速特性，还常运用形式简单的结构网或结构式。图 2-21 为图 2-20 变速系统的结构网。结构网也由"三线一点"组成，但转速点和传动线仅表示相对值，只标出各变速组的传动副数及级比指数。结构网的传动线按对称分布画出，如图 2-21（a）所示。也可按不对称分布画出"上平下斜"式结构网，如图 2-21（b）所示。在一个结构网中，只允许选用一种表示方式。

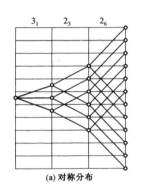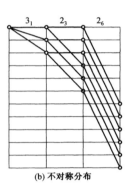

图 2-21　结构网

结构式能够表达变速系统主要的 3 个变速参量：主轴转速级数 Z、各变速组传动副数 P_i 和各变速组的级比指数 x_i。结构式表达：$Z = p_{a(\ )} \cdot p_{b(\ )} \cdot p_{c(\ )}$，按传动顺序列出各变速组的传动副数，括号内为各变速组的级比指数。图 2-20 变速系统的结构式可写成：$12 = 3_{(1)} \cdot 2_{(3)} \cdot 2_{(6)}$，还可以写成 $12 = 3_1 \cdot 2_3 \cdot 2_6$ 或 $12 = 3_{[1]} \cdot 2_{[2]} \cdot 2_{[6]}$，结构网或结构式与转速图具有一致的变速特性，但转速图表达得具体、完整，转速和传动比是绝对数值；而结构网和结构式表达变速特性较简单、直观，转速和传动比是相对数值。结构网比结构式更直观，结构式比结构网更简单。结构式与结构网的表达内容相同，二者是对应的。

（五）主传动变速系统运动设计要点

1. 齿轮变速组的传动比和变速范围限制

直齿圆柱齿轮的极限传动比 $u_{imax} = 2$，$u_{imin} = 1/4$，其变速范围的限制值 $r_{max} = u_{max}/u_{min} = 8$。变速系统的齿轮变速组应遵守传动比和变速范围这两个限制条件。为限制变速组的变速范围不致超出极限值，需检验最后扩大组的变速范围 r_j。不超出极限值 r_{max}，其他变速组就不会超出限制，即 $r_j = \varphi^{x_j(p_j-1)} = \varphi^{p_0 p_1 p_2 \cdots (p_j-1)} \leqslant 8$。

2. 减小传动件结构尺寸的原则

根据公式 $T = 955 \times 10^4 \dfrac{P}{n_\mathrm{c}} = 955 \times 10^4 \dfrac{P_\mathrm{E}\eta}{n_\mathrm{c}}$ [其中 T 为传动件的传递转矩（N·mm），P 为该传动件的传递效率（kW），P_E 为主电动机的功率（kW），n_c 为该传动件的计算转速（r/min），η 为主电动机到该传动件间的传动效率] 可知，当传递功率一定时，提高传动件的转速可降低传递转矩，减小传动件的结构尺寸。为此，应遵守下列一般原则：

（1）变速组传动副要"前多后少"。从电动机到主轴之间的变速系统，总的趋势是降速传动。传动链前面的转速较高，而传动链后面的转速较低，要把传动副数较多的变速组安排在传动链的前面，故 $p_\mathrm{a} \geqslant p_\mathrm{b} \geqslant p_\mathrm{c} \cdots$，$p_\mathrm{a}$、$p_\mathrm{b}$、$p_\mathrm{c}$、$\cdots$依次代表第一变速组、第二变速组、第三变速组……的传动副数。

（2）变速组传动线要"前紧后松"。如果变速组的扩大顺序与传动顺序一致，即按传动顺序依次为基本组、第一扩大组、第二扩大组……最后扩大组，可提高中间传动轴的转速，如图 2-22（a）所示。

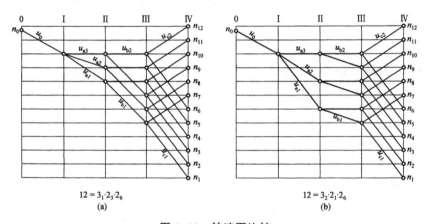

$$12 = 3_1 \cdot 2_3 \cdot 2_6 \qquad\qquad 12 = 3_2 \cdot 2_1 \cdot 2_6$$
（a）　　　　　　　　　　　　（b）

图 2-22　转速图比较

反之，若扩大顺序与传动顺序不一致，则中间传动轴的转速就会降低，如图 2-22（b）中Ⅱ轴的最低转速要比图 2-22（a）低。扩大顺序与传动顺序一致时，在结构网与转速图上，前面变速组的传动线分布得紧密些，后面变速组的传动线分布得疏松些，故称为传动线"前紧后松"（或"前密后疏"）的原则，即 $x_\mathrm{a} < x_\mathrm{b} < x_\mathrm{c} < \cdots$，其中 x_a、x_b、x_c、$\cdots$顺次为第一变速组、第二变速组、第三变速组……的级比指数。

（3）变速组减速要"前慢后快"。主传动变速系统通常是降速传动，希望传动链前面的变速组降速要慢些，后面的变速组降速可快些，即 $u_{amin} \geqslant u_{bmin} \geqslant u_{cmin}$ $\geqslant \cdots$，其中，u_{amin}、u_{bmin}、u_{cmin}、$\cdots$ 顺次为第一变速组、第二变速组、第三变速组……的最小传动比。

3. 改善传动性能的注意事项

提高传动件转速可减小结构尺寸，但转速过高又会恶化传动性能，增大空载功率损失、噪声、振动和发热等。为了改善传动性能，应注意下列事项：

（1）传动链要短。减少传动链中齿轮、传动轴和轴承数量，不仅制造、维修方便，降低成本，还可提高传动精度、传动效率，减少振动和噪声。主轴最高转速区内的机床空载功率损失和噪声最大，需特别注意缩短高速传动链，这是设计高效率、低噪声变速系统的重要途径。

（2）转速和要小。减小各轴转速和，可降低空载功率损失和噪声。要避免传动件有过高的转速，避免过早、过大的升速。

（3）齿轮线速度要低。齿轮线速度是影响噪声的重要因素，通常限制线速度小于 15m/s。

（4）空转件要少。空转的齿轮、传动轴等元件要少，转速要低，能够减小噪声和空载功率损失。

变速系统运动设计要点小结：一个规律——级比规律。两个限制——齿轮传动比限制，$u_{max} = 2$，$u_{min} = 1/4$；齿轮变速组的变速范围限制，$r_{max} = u_{max}/u_{min} = 8$（直齿）。三项原则——传动副要"前多后少"，传动线要"前紧后松"，降速要"前慢后快"。四项注意——传动链要短，转速和要小，齿轮线速度要低，空转件要少。

（六）结构式和结构网拟定

现以某卧式车床主传动设计为例，说明结构式、结构网的拟定步骤及其主要内容。设已知主轴转速 $n = 35.5 \sim 1600$r/m，级数 $Z = 12$，公比 $\varphi = 1.41$，采用集中传动式布局、直齿滑移齿轮变速，采用电动机开停、换向及制动方式。

（1）确定变速组的个数和传动副数。主轴转速为 12 级的变速系统可用 3 个变速组，其中一个三联滑移齿轮变速组和两个双联滑移齿轮变速组。有的机床为了缩短传动链，当公比 p 较小时，还可采用两个变速组，即四联和三联滑移齿轮变速组，但需注意采用四联滑移齿轮的可能性以及要有相应的结构措施。

（2）确定传动顺序方案。变速组的传动顺序是指各变速组在传动链中由先到后的排列顺序。不同的传动顺序方案有：12 = 4×3，12 = 3×4，12 = 3×2×2，

12 = 2×3×2，12 = 2×2×3。如无特殊要求，根据传动副"前多后少"的原则，应优先选用 12 = 4×3 和 12 = 3×2×2 两个方案。因结构和使用上的特殊要求，采用其他传动顺序方案时，应进行分析比较。

（3）确定扩大顺序方案。变速组的扩大顺序是指各变速组的级比指数由小到大的排列顺序。根据已选用的传动顺序方案，又可得出若干不同的扩大顺序方案。如无特殊要求，根据传动线"前紧后松"的原则，应使变速组的扩大顺序与传动顺序一致，故可选用 $12 = 4_1×3_4$ 和 $12 = 3_1×2_3×2_6$，采用其他扩大顺序方案时，应进行分析比较。

综上所述，拟定结构式时，要"前多后少"地安排变速组的传动顺序；要"前紧后松"地安排其扩大顺序，使扩大顺序与传动顺序一致。这在一般情况下可得到最佳结构式方案。

（4）检验最后扩大组的变速范围。由变速范围知，结构式 $12 = 4_1×3_4$ 最后扩大组的变速范围为 $r_1 = \varphi^{x_1(p_1-1)} = 1.41^{4(3-1)} = 1.41^8 = 16 > 8$，不允许，而结构式 $12 = 3_1×2_3×2_6$ 最后扩大组的变速范围为 $r_2 = \varphi^{x_2(p_2-1)} = 1.41^{6(2-1)} = 8$，允许。因此，结构式方案确定为 $12 = 3_1×2_3×2_6$。

（5）画结构网。根据已确定的结构式方案画出结构网，如图 2-23 所示。

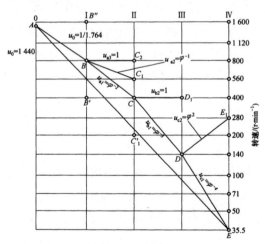

图 2-23　转速图的传动线

（七）转速图拟定

1. 确定 V 型带传动

考虑 I 轴转速不宜过低（结构尺寸增大），也不宜过高（带轮转动不平衡引

起振动、噪声），初定 $n_1 = 800 \text{r}/min$，带传动比为

$$u_0 = \frac{n_1}{n_0\ (1-\varepsilon)} = \frac{800}{1440\ (1-0.02)} = \frac{1}{1.764}$$

2. 画转速图的格线

该变速系统具有定比传动和 3 个变速组，画传动轴和转速格线，标定各轴号、主轴各转速点及电动机转速点的转速值，如图 2-23 所示。

3. 分配传动比

分配各变速组，通常是"由后向前"进行，先分配最后变速组的传动比，再顺次向前分配或"由前向后"交叉进行。分配传动比应注意照顾有特殊要求的传动副、重要传动副以及最后扩大组传动副。

（1）分配第三变速组（Ⅲ-Ⅳ轴间）的传动比，由结构式 $12 = 3_1 \times 2_3 \times 2_6$ 可知，第三变速组即第二扩大组的传动副数 $p_2 = 2$，级比指数 $x_2 = 6$。因此，先在Ⅳ轴上找到相距 6 格的两个转速点 E 和 E_1（可选定各轴最低转速点）。根据传动比 $1/4 \leqslant u \leqslant 2$，$\varphi = 1.41$，则Ⅲ轴上相应主动转速点 D 只能有唯一位置，即 $u_{c1} = \varphi^{-4} = 1.41^{-4} = 1/4$，$u_{c2} = \varphi^2 = 1.41^2 = 2$。

（2）分配第二变速组（Ⅱ-Ⅲ轴间）的传动比。第二变速组即第一扩大组有两个传动副，$x_1 = 3$，因此，由Ⅲ轴上点 D 可定出点 D_1。Ⅱ轴上相应主动转速点 C 的位置只允许在 C_1—C'_1 范围内选定。若选点 C'_1，则Ⅱ轴转速过低且升速传动比达极限值；若选点 C_1，则Ⅱ轴转速偏高且降速传动比达极限值。综合考虑上述问题，现选定点 C 位置，其传动比 $u_{b1} = \varphi^{-3} = 1.41^{-3} = 1/2.8$，$u_{b2} = \varphi^0 = 1.41^0 = 1$。

（3）分配第一变速组（Ⅰ-Ⅱ轴间）的传动比。第一变速组即基本组有 3 个传动副，$x_0 = 1$，故于Ⅱ轴上自点 C 向上取相邻三点 C、C_1 和 C_2。其Ⅰ轴上相应转速点 B 只能在 B'—B'' 范围内选定，考虑结构尺寸和传动性能，以及带轮轴（Ⅰ轴）的转速要求，已选定的点 B 是适宜的。

（4）画全传动线，可得到图 2-22（a）所示的转速图。但图上仅有各轴转速及各传动副传动比。转速图的拟定往往需要多次修改，在以后的传动副参数确定甚至结构设计时仍有可能更改。因此应全面考虑，兼顾各个变速级，特别要注意结构尺寸和传动性能的影响，拟定出更加完善合理的转速图方案。

相关的齿轮齿数、轴类校核、轴布局形式可参阅机械设计、金属切削机床等课程。

几种特殊设计：

①具有多速电动机的主变速系设计和具有交换齿轮的变速传动系如图 2-24
所示。

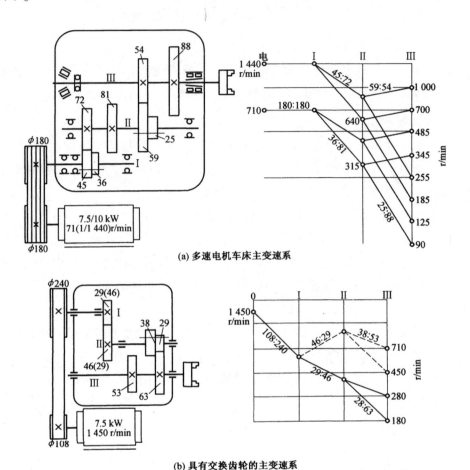

(a) 多速电机车床主变速系

(b) 具有交换齿轮的主变速系

图 2-24　多刀半自动车床主变速系和具有交换齿轮的主变速系

②变速箱内各传动轴的空间布置，要考虑便于装配、调整和维修，如
图 2-25、2-26、2-27 所示。

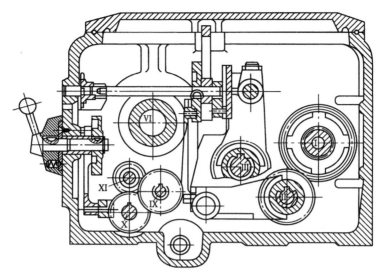

图 2-25　卧式车床主轴箱横断面图

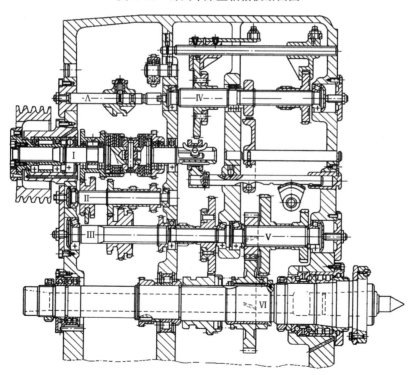

图 2-26 卧式车床主轴箱展开图

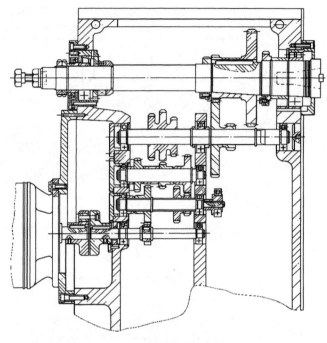

图 2-27　卧式铣床变速箱

(八) 机床的功率转矩特性

由切削理论得知，在背吃刀量和进给量不变的情况下，切削速度对切削力的影响较小。因此，主运动是直线运动的机床，如刨床的工作台，在背吃刀量和进给量不变的情况下，不论切削速度多大，所承受的切削力基本是相同的，驱动直线运动工作台的传动件在所有转速下承受的转矩当然也基本是相同的，这类机床的主传动属恒转矩传动。

主运动是旋转运动的机床，如车床、铣床等机床的主轴，在背吃刀量和进给量不变的情况下，主轴在所有转速下承受的转矩与工件或铣刀的直径基本上成正比，但主轴的转速与工件或统刀的直径基本上成反比。可见，主运动是旋转运动的机床基本上是恒功率传动。

通用机床的工艺范围广，变速范围大，使用条件也复杂，主轴实际的转速和传递的功率，也就是承受的转矩是经常变化的。例如通用车床主轴转速范围的低速段，常用来切削螺纹、铰孔和精车等，消耗的功率较小，计算时如按传递全部功率计算，将会使传动件的尺寸不必要地增大，造成浪费；在主轴转速的高速段，由于受电动机功率的限制，背吃刀量和进给量不能太大，传动件所受的转矩随转速的增高而减小。

主变速传动系中各传动件究竟按多大的转矩进行计算，导出计算转速的概念。主轴或各传动件传递全部功率的最低转速为它们的计算转速 n_j。如图 2-28 所示的“主轴的功率转矩特性图”中，主轴从最高转速到计算转速之间应传递全部功率，而其输出转矩随转速的降低而增大，称之为恒功率区；从计算转速到最低转速之间，主轴不必传递全部功率，输出的转矩不再随转速的降低而增大，保持计算转速时的转矩不变，传递的功率则随转速的降低而降低，称之为恒转矩区。

不同类型机床主轴计算转速的选取是不同的，对于大型机床，由于应用范围很广，调速范围很宽，计算转速可取得高些。对于精密机床、滚齿机，由于应用范围较窄，调速范围小，计算转速可取得低一些。各类机床主轴计算转速的统计公式见表 2-8。对于数控机床，调速范围比普通机床宽，计算转速可比表中推荐的高些。

表 2-8　各类机床的主轴计算转速

机床类型		计算转速 n_j	
		等公比传动	混合公比或无级调速
中型通用机床和使用较广的半自动机床	车床，升降台式铣床，转塔车床，液压仿形半自动车床，多刀半自动车床，单轴自动车床，多轴自动车床，立式多轴半自动车床 卧式镗铣床（ϕ63～ϕ90）	$n_j = n_{min}\varphi^{\frac{Z}{3}-1}$ n_j 为主轴第一个（低的）三分之一转速范围内的最高一级转速	$n_j = n_{min}\left(\frac{n_{max}}{n_{min}}\right)^{0.3}$
	立式钻床，摇臂钻床，滚齿机	$n_j = n_{min}\varphi^{\frac{Z}{4}-1}$ n_j 为主轴第一个（低的）四分之一转速范围内的最高一级转速	$n_j = n_{min}\left(\frac{n_{max}}{n_{min}}\right)^{0.25}$

机床类型		计算转速 n_j	
		等公比传动	混合公比或无级调速
大型机床	卧式车床（$\phi1250\sim\phi4000$） 单柱立式车床 （$\phi1400\sim\phi3200$） 单柱可移动式立式车床 （$\phi1400\sim\phi1600$） 双柱立式车床 （$\phi3000\sim\phi12000$） 卧式镗铣床（$\phi110\sim\phi160$） 落地式镗铣床（$\phi125\sim\phi160$）	$n_j = n_{min}\varphi^{\frac{z}{3}}$ n_j 为主轴第二个三分之一转速范围内的最低一级转速	$n_j = n_{min}\left(\dfrac{n_{max}}{n_{min}}\right)^{0.35}$
高精度和精密机床	落地式镗铣床（$\phi160\sim\phi260$） 主轴箱可移动的落地式镗铣床（$\phi125\sim\phi300$）	$n_j = n_{min}\varphi^{\frac{z}{2.5}}$	$n_j = n_{min}\left(\dfrac{n_{max}}{n_{min}}\right)^{0.4}$
	坐标镗床 高精度车床	$n_j = n_{min}\varphi^{\frac{z}{4}-1}$ n_j 为主轴第一个（低的）四分之一转速范围内的最高一级转速	$n_j = n_{min}\left(\dfrac{n_{max}}{n_{min}}\right)^{0.25}$

第四节　机床进给传动系统设计

一、进给传动系统类型及设计要点

（一）进给传动的类型及组成

机床进给传动系统是用来实现机床的进给运动和有关辅助运动（如快进、快退等调节运动）。根据机床的类型、传动精度、运动平稳性和生产率等要求，可采用机械、液压和电气等不同传动方式。

1. 机械进给传动

机械进给传动系统结构复杂、制造工作量大，但具有工作可靠、维修方便等特点，仍然广泛应用于中、小型普通机床中。图 2-29 是两种典型的机械进给传动系统，主要由动力源、变速机构、换向机构、运动分配机构、过载保险机构、运动转换机构、执行机构以及快速传动机构等组成。

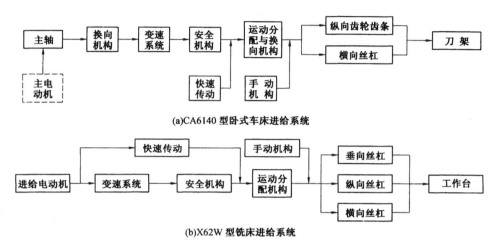

(a)CA6140 型卧式车床进给系统

(b)X62W 型铣床进给系统

图 2-29　两种典型机床进给传动

（1）动力源。进给传动可采用一个或多个电动机单独驱动，便于缩短传动链、实现进给运动的自动控制；也可以与主传动共用一个动力源，便于保证主传动和进给运动之间的严格传动比关系，适用于有内联系传动链的机床，如车床、齿轮加工机床等。

（2）变速机构。用来改变进给量大小，常用滑移齿轮、交换齿轮、齿轮离合器和机械无级变速器等。设计时，若几个进给运动共用一个变速机构，应将变速机构放置在运动分配机构前面。由于机床进给运动的功率较小、速度较低，有时也采用拉键机构、齿轮折回机构和棘轮机构等。

（3）换向机构。用来改变进给运动的方向，一般有两种方式：一种是进给电动机换向，换向方便，但普通进给电动机的换向次数不能太频繁；另一种是齿轮或离合器换向，换向可靠，应用广泛。

（4）运动分配机构。实现纵向、横向或垂直方向不同传动路线的转换，常采用各种离合器机构。

（5）过载保险机构。其作用是在过载时自动断弃进给运动，过载排除后自动接通，常采用牙嵌离合器、摩擦片式离合器、脱落蜗杆等。

（6）运动转换机构。用来转换运动类型，一般是将回转运动转换为直线运动，常采用齿轮齿条、蜗杆齿条、丝杠螺母机构。

（7）快速传动机构。为了便于调整机床、节省辅助时间和改善工作条件，快速传动可与进给传动共用一个进给电动机，采用离合器等进给传动链转换；大多数采用单独电动机驱动，通过超越离合器、差动轮系机构或差动螺母机构等，将快速运动合成到进给传动中。

2. 液压进给传动

液压进给传动通过动力液压缸等传递动力和运动，并通过液压控制技术实现无级调速、换向、运动分配、过载保护和快速运动。油缸本身做直线运动，一般不需要运动转换。液压传动工作平稳、动作灵敏，便于实现无级调速和自动控制，而且在同等功率情况下体积小、质量轻、机构紧凑，因此广泛用于磨床、组合机床和自动车床的进给传动中。

3. 电气进给传动

电气进给传动是采用无级调速电动机，直接或经过简单的齿轮变速或同步齿形带变速，驱动齿轮条或丝杠螺母机构等传递动力和运动；若采用近年出现的直线电动机可直接实现直线运动驱动。电气传动的机械结构简单，可在工作中无级调速，便于实现自动化控制，因此应用越来越广泛。

数控机床的进给系统称为伺服进给传动系统，由伺服驱动系统、伺服进给电动机和高性能传动元件（如滚珠丝杠、滚动导航）组成，在计算机（即数控装置）的控制下，可实现多坐标联动下的高效、高速和高精度进给运动。

（二）进给传动系统设计要点

（1）速度低、功耗小、恒转矩传动。

与机床主运动相比较，进给运动的速度一般较低，受力较小，传动功率也较小，可以看作恒转矩传动。传动系统中任一传动件所承受的转矩可用下式计算：

$$T_i = T_{\max} u_i / \eta_i$$

式中，T_i 为任一传动件承受的转矩；$T_{\max}$ 为末端输出轴上允许的最大转矩；u_i 为从 i 轴到末端轴的传动比；η_i 为从 i 轴到末端轴的传动效率。

（2）计算转速。

确定进给传动系统计算转速（或计算速度）的目的是确定所需的功率，一般按下列 3 种情况确定：

①具有快速运动的进给系统，传动件的计算转速（或计算速度）取在最大快速运动时的转速（或速度）。

②对于中型机床，若进给运动方向的切削分力大于该方向的摩擦力，则传动件的计算转速（或速度）由该机床在最大切削力工作时所使用的最大进给速度来决定，一般为机床规定的最大进给速度的 $1/2\sim1/3$。

③对于大型机床和精密或高精密级机床，若进给运动方向的摩擦力大于该方向的切削分力，则传动件的计算转速（或速度）由最大进给速度来决定。

（3）变速系统的传动副要"前少后多"、降速要"前快后慢"、传动线要"前疏后密"。

对于进给量按等比级数排列的变速系统，其设计原则刚好与主传动变速系统的设计原则相反，对于 12 级进给变速系统，其结构式可取：$Z = 12 = Z_1 \cdot Z_2 \cdot Z_3$，可减小中间传动件至末端传动件的传动比，减少所承受的转矩，以便减小尺寸，使结构更为紧凑。

二、进给传动系统传动精度

机床的传动精度是指机床内联系传动链两端件之间相对运动的准确性。例如车削螺纹时机床的传动链应在整个加工过程中始终保证主轴转一转，刀架移动一个螺纹导程值。机床的传动精度是评价机床质量的重要标准之一。

（一）误差来源

在传动链中，各传动件的制造误差和装配误差以及传动件因受力和温度变化而产生的变形都会影响传动链的传动精度。在传动件的制造误差中，传动件的轴向跳动和径向跳动，齿轮和蜗轮的齿形误差、周节误差和周节累积误差，丝杠、螺母和蜗杆的半角误差、导程误差和导程累积误差等，是引起传动误差的主要来源。

（二）误差传递规律

在传动链中，各个传动件的传动误差都按一定传动比依次传递，最后集中反映到末端件上，其传动规律可用下式表示：

$$\left. \begin{array}{l} \triangle \varphi_n = \triangle \varphi_i u_i \\ \triangle l_n = r_n \triangle \varphi_n = r_n \triangle \varphi_i u_i \end{array} \right\}$$

式中，$\triangle \varphi_i$ 为传动件 i 的角度误差；u_i 为传动件 i 到末端件 n 之间的传动比；

$\triangle\varphi_n$、$\triangle l_n$ 为由 $\triangle\varphi_n$ 引起的末端件 n 的角度误差和线值误差；r_n 为在末端件 n 上的与加工精度有关的半径。由于传动链是由若干传动件组成的，所以每一传动件的误差都将传递到末端件上。转角误差都是向量，总转角误差应为各误差的向量和，在向量方向未知的情况下，可用均方根误差 $\triangle\varphi_\Sigma$、$\triangle l_\Sigma$ 来表示末端件的总误差：

$$\left.\begin{array}{l}\triangle\varphi_\Sigma=\sqrt{(\triangle\varphi_1 u_1)^2+(\triangle\varphi_2 u_2)^2+\cdots+(\triangle\varphi_n u_n)^2}=\sqrt{\sum_{i=1}^{n}(\triangle\varphi_i u_i)^2}\\[4mm]\triangle l_\Sigma=r_n\triangle\varphi_\Sigma\end{array}\right\}$$

（三）提高传动精度措施和内联系传动链设计原则

根据上述分析，可以给出提高传动精度的措施，这也是内联系传动链的设计原则。

（1）缩短传动链。设计传动链时尽量减少串联传动件的数目，以减少误差的来源。

（2）合理分配传动副的传动比。根据误差传递规律，传动链中传动比应采取递降原则。在内联系传动链中，运动通常是由某一中间传动件传入，此时向两末端件的传动应采用降速传动，则中间传动件的误差反映到末端件上可以被缩小，并且末端件传动副的传动比应最小，即降速幅度最大。所以在传递旋转运动时，末端传动副应采用蜗轮副；在传递直线运动时，末端传动副应采用丝杠副。

（3）合理选择传动件。内联系传动链中不允许采用传动比不准确的传动副，如摩擦传动副。斜齿圆柱齿轮的轴向窜动会使从动齿轮产生附加的角度误差；梯形螺纹的径向跳动会使螺母产生附加的线值误差；圆锥齿轮、多头蜗杆和多头丝杠的制造精度低，因此，传动精度要求高的传动链，应尽量不用或少用这些传动件。

为使传动平稳必须采用斜齿圆柱齿轮传动时，应将螺旋角取得小些；采用梯形螺纹丝杠时，应将螺纹半角取得小些，一般小于 $7°30'$；为了减少蜗轮的齿圈径向跳动引起节圆上的线值误差，齿轮精加工机床常采用小压力角的分度蜗轮，此外尽量加大蜗轮直径，以便缩小反映到工件上的误差。

（4）合理确定各传动副精度。根据误差传递规律，末端件上传动副误差直接反映到执行件上，对加工精度影响最大，因此其精度应高于中间传动副。

（5）采用校正装置。为了进一步提高进给传动精度，可以采用校正装置。机械式校正装置是针对具体机床的实际传动误差制成校正尺或校正凸轮，用以推动执行件产生附加运动，对传动误差进行补偿。由于机械校正装置结构复杂，补偿精度有限，应用并不普遍，近几年出现了利用光电原理制成的校正装置。数控机床采用检测反馈、软件或硬件补偿等方法，使机床的定位精度与传动精度得到了大幅度提高。

三、数控机床伺服进给传动系统类型

数控机床的伺服进给传动系统是以机械位移作为控制对象的自动控制系统，其作用是接受来自数控装置发出的进给脉冲，经变换和放大后，驱动工作台或刀架等按规定的速度和距离移动。相对于每一个进给脉冲信号，机床部件的移动量称为数控机床的脉冲当量或最小设定单位，其大小视机床的精度而定，一般为 0.01～0.005mm。由于伺服系统直接决定刀具和工件的相对位置，是影响加工精度和生产率的主要因素之一。数控机床的伺服进给系统按有无检测反馈装置可分为开环、闭环和半闭环系统。

（1）开环系统。开环系统是对工作台等的实际位移不进行检测反馈处理的系统，如图 2-30 所示。开环系统的伺服电动机一般采用步进电动机，经降速齿轮（或同步齿形带）和滚珠丝杠螺母，带动工作台移动。这种系统的精度、速度和功率都受到限制，但系统结构简单、调试方便、成本低廉，主要应用于各种经济型数控机床中。

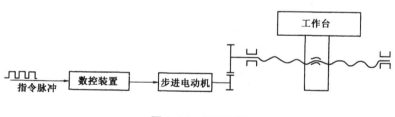

图 2-30　开环系统

（2）闭环系统。在闭环系统中，使用位移检测装置直接测量机床执行部件（如刀架或工作台）的移动，并反馈给数控装置，与指令位移进行比较，用其差值控制伺服电动机工作。闭环系统的伺服电动机一般采用直流或交流伺服电动机，为了提高系统稳定性，还必须对电动机速度进行检测，实行速度反馈控制，如图 2-31 所示。图中 A 为速度检测元件，C 为工作台线性位移检测元件。

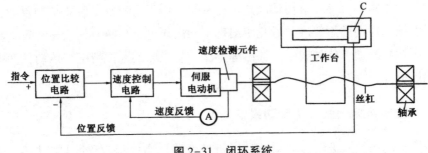

图 2-31 闭环系统

闭环系统可以消除整个系统的误差，包括机械系统的传动误差等，其控制精度和动态性能都比较理想，但系统结构复杂，安装和调试比较麻烦，成本高，用于精密型数控机床。

（3）半闭环系统。如果将闭环系统的位移检测装置改为角位移检测装置，不是安装在工作台上而是安装在伺服电动机上，通过对电动机的角位移进行检测，间接对工作台实行反馈控制，便形成了半闭环控制，如图 2-32 所示。图中 B 为电动机转角检测元件，A 为直流或交流伺服电动机的速度检测元件。半闭环伺服控制系统将齿轮、丝杠螺母和轴承等机械传动部件排除在反馈控制之外，不能完全补偿它们的传动误差，因此精度比闭环差。但由于排除了机械传动系统的干扰，系统稳定性有所改善，调试方便，而且结构简单，成本较闭环系统低，所以应用比较广泛。

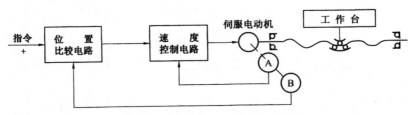

图 2-32 半闭环控制系统组成框图

（四）进给伺服电动机选择

数控机床的进给伺服电动机与普通的电动机不同，必须满足调速范围宽、响应速度快、恒转矩输出且过载能力强、能承受频繁启动、停止和换向等要求。随着科学技术的发展，进给伺服电动机的类型越来越多，性能越来越优越，主要有步进电动机、直流伺服电动机、交流伺服电动机和直线伺服电动机等。

（1）步进电动机。步进电动机又称脉冲电动机，是利用电磁铁吸合原理工作，每接受一个电脉冲信号，电动机就转过一定的角度，称为步距角。步进电动机的角位移与输出脉冲的个数成正比，在时间上与输入脉冲同步，因此只要控制输入脉冲的数量、频率和分配方式，便可控制所需的转角、转速和转向，没有累计误差。无脉冲输入时，在绕组电源激励下，气隙磁场能使电动机转子处于定位状态。步进电动机类型很多，用于数控机床的主要是反应式和混合式两大类，其步距角为 0.3°~3°，输出静转矩由小于 1N·m 至几十 N·m。步进电动机结构简单、使用维修方便、成本低，在我国被广泛用于中、小型经济型数控机床中。

（2）直流伺服电动机。直流伺服电动机是最早用于数控机床进给伺服驱动的，一般通过调整电枢电压进行大范围调速，调整电枢电流保证恒转矩输出。主要有小惯量和大惯量直流电动机两大类。

①小惯量直流电动机。为了减小转动惯量、降低电动机的机械时间常数，其转子直径小、轴向尺寸大，长径比约为 5；为了减小电感、降低电气时间常数，其转子表面无槽，电枢绕组用环氧树脂固定在转子的外圆柱表面上。这种结构特点决定了该类电动机动态特性好、响应速度快，加、减速能力强。其缺点是因惯量小，必须带负载进行调试；输出转矩较小，一般必须通过齿轮或同步齿形带传动进行降速，因此多用于高速轻载的数控机床。

②大惯量直流电动机。又称宽调速直流电动机，是通过加大电动机转子直径，增加电枢绕组中的导线数目，显著提高电磁转矩。大惯量直流电动机有电励磁式和永磁式两种，其中永磁式应用较为普遍。其特点是能在低速下平稳运行，输出转矩大，可以直接与丝杠相连；不需要降速传动机构，由于惯量大，可以无负载调试，调试方便。此外根据用户要求可内装测速发电机、旋转变压器或制动器，获得较高的速度环增益，构成精度较高的半闭环系统，及其优良低速刚度和动态性能。

（3）交流伺服电动机。自 20 世纪 80 年代中期开始，交流伺服电动机得到了迅速发展。可分为交流异步电动机和交流同步电动机，按产生磁场的方式又可分为永磁式和电磁式。在数控机床的进给驱动中大多采用永磁同步交流伺服电动机，转子为永磁材料制成。通过改变交流电动机频率实现电动机调速。同直流伺服电动机相比，交流伺服电动机结构简单、体积小、制造成本低；交流伺服电动机没有电刷和换向器，不需要经常维护，没有直流伺服电动机因换向火花影响运行速度的限制。因此，交流伺服电动机发展得很快，特别是新型永磁材料，如第三代稀土材料——钕铁硼材料、大功率晶体管和计算机技术的发展，使得交流伺服电动机不断完善，应用日益广泛。

（4）直线伺服电动机。直线伺服电动机是将电能直接转化为直线运动机械能的电力驱动装置。可取代传统的回转型伺服电动机加滚珠丝杠的伺服传动系统，可以简化结构，提高刚度和响应速度，使工作台的加（或减）速度提高10～20倍，移动速度提高3～4倍。直线伺服电动机在近20年已在自动化仪表、计算机外围设备等方面得到实际应用，目前已开始用于数控机床。直线伺服电动机的工作原理同旋转伺服电动机相似，可以看成是旋转型伺服电动机沿径向切开，然后向两边展开拉平后演化而成，原来的旋转磁场变成平磁场，为了平衡单边磁力，可做成双边对称型。直线伺服电动机有感应式、同步式和直线步进电动机等多种类型，其技术有待进一步完善，制造成本有待进一步降低。

五、滚珠丝杠副设计

（一）工作原理与特点

滚珠丝杠副是一种靠滚珠传递和转换运动的新型元件，其丝杠和螺母上分别加工有半圆弧形沟槽，合在一起形成滚珠的圆形滚道，并在螺母上加工有使滚珠形成循环的回珠通道，当丝杠和螺母相对转动时，滚珠可在滚道内循环滚动，因而迫使丝杠和螺母产生轴向相对移动。由于丝杠和螺母之间是滚动摩擦，因而具有下列特点：

（1）摩擦损失小，传动效率高，可达0.90～0.96，是普通滑动丝杠副的3～4倍。

（2）摩擦阻力小，几乎与运动速度无关，动、静摩擦力之差极小，因而运动灵敏，平稳，低速时不易产生爬行；且磨损小、精度保持性好，寿命长。

（3）丝杠螺母之间进行消隙或预紧，可以消除反向间隙，使反向无死区，定位精度高，轴间刚度大。

（4）不能自锁，传动具有可逆性，即能将旋转运动转换为直线运动或将直线运动转换为旋转运动，因此在某些场合，如传递垂直运动时，应增加制动或防逆转装置，以防工作台因自重而自动下降等。

（二）轴向间隙调整方法

在一般情况下，滚珠同丝杠和螺母的滚道之间存在一定间隙。当滚珠丝杠开始运转时，总要先运转一个微小角度，以使滚珠同丝杠和螺母的圆弧形滚道的两侧面发生接触，然后才真正开始推动螺母做轴向移动，进入真正的工作状态。当滚珠丝杠反向运转时，也会先空运转一个微小角度。滚珠丝杠副的这种轴向间隙会引起轴向定位误差，严重时还会导致系统控制的"失步"。在载荷作用下滚珠与丝杠和螺母两滚道侧面的接触点处还会发生微小的接触变形，因此当丝杠转向发生改变时，滚珠向丝杠和螺母两滚道面一侧的弹性接触变形的恢复和另一侧接触变形的形成还会进一步增加滚珠的轴向移动量，导致丝杠空运转量的进一步增加。根据接触变形理论，滚珠同滚道面的接触变形会随载荷的增加急剧下降，因此为了提高滚珠丝杠副的定位精度和刚度，应对其进行预紧，即施加一定的预加载荷，使滚珠同两滚道侧面始终保持接触（即消隙状态）并产生一定的接触变形（即预紧状态）。

滚珠丝杠副进行消隙和预紧的方法很多，采用较多的有双螺母垫片式、双螺母齿差式、双螺母螺纹式和单螺母变导程式。

（1）双螺母垫片式。如图 2-33 所示，修磨垫片厚度，使两个螺母间产生轴向位移。分为拉伸预紧［（图（a）、（c）］和压缩预紧［图（b）］两种方式。图 2-33（a）方式结构简单、刚度高、可靠性好，应用普遍。

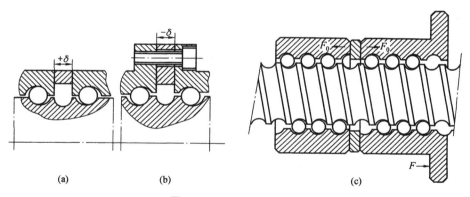

图 2-33 双螺母垫片消隙

（2）双螺母齿差式。如图 2-34 所示，左右螺母的凸缘都加工成外齿轮，齿数相差为 1，工作中这两个外齿轮分别与固定在螺母座上的两个内齿圈相啮合。调整时，将两个内齿圈卸下，同时转动齿轮相同齿数，则两螺母产生轴向相对位移，达到消隙和预紧的目的。两螺母的轴向相对位移量可用下式计算：

$$\triangle = k\left(\frac{1}{Z_1} - \frac{1}{Z_2}\right)S = \frac{kS}{Z_1 Z_2}$$

式中，$\triangle$ 为双螺母轴向相对位移；k 为两螺母同向转动的齿数；S 为滚珠丝杠导程；Z_1，Z_2 为两外齿轮的齿数。

这种方法用于需要对消隙或预紧量进行精确调整的场合，若 $Z_1 = 99$，

$Z_2 = 100$，$S = 10\text{mm}$，则每转过一个齿的调整量 $\triangle \approx 0.001\text{mm}$。

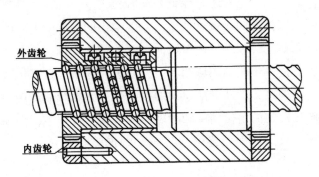

外齿轮

内齿轮

图 2-34　双螺母齿差消隙

（3）双螺母螺纹式。如图 2-35 所示，双螺母用平键与螺母座相连，其中右边螺母外伸部分有螺纹，用两个锁紧螺母可使两个滚珠螺母相对丝杠做轴向移动。此种结构调整方便，可随时调整，但调整量不精确。

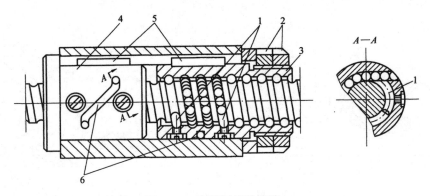

图 2-35　双螺母螺纹消隙

1—滚道；2—锁紧螺母；3—右螺母；4—左螺母；5—平键；6—滚珠循环返回槽

（4）单螺母变导程式。如图 2-36 所示，将滚珠螺母中央的圆弧螺纹滚道，根据调整量的大小 $\triangle L$ 使其导程发生突变，迫使滚珠从中央开始分成两半分别向两边错位，达到消隙和预紧的目的。这种方法可以减小轴向尺寸，用于轴向尺寸受到限制的场合，缺点是磨损后预紧量减小，再调整很困难。

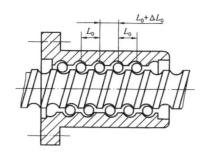

图 2-36　单螺母变导程自预紧式滚珠丝杠副

（三）预加载荷确定

必须合理确定滚珠丝杠副的预加载播，若预加载荷过大，会加剧其磨损；若太小，在载荷作用下会使处于非工作状态的螺母仍然出现轴向间隙，影响定位精度。理论计算证明预加载荷应是工作载荷的 1/3。通常滚珠丝杠出厂时，已由制造厂进行了预先调整，通常取预加负荷为额定动载荷的 1/9～1/10。

（四）滚珠丝杠支承

为了提高传动刚度，除了合理确定滚珠丝杠副的参数以外，还必须合理设计螺母座与轴承座的结构，特别是合理选择轴承类型与设计支承形式。

（1）滚动轴承类型。滚动轴承主要有通用滚动轴承和专用滚动轴承两大类。

①普通向心球轴承和推力球轴承的组合，由于体积大、精度低，主要用于经济型数控机床。

②普通向心推力球轴承组合，这种轴承既是向心轴承又是推力轴承，可简化支承结构，但由于这类轴承接触角较小，轴向承载能力有限，主要用于轴向负荷较小的场合。

③60°接触角的向心推力球轴承，这是一种滚珠丝杠专用轴承，不仅接触角增大到 60°，而且滚动体直径小、数目多，使得其承受轴向负荷的能力显著提高。

④滚针-推力圆柱滚子轴承组合，如图 2-37 所示。静圈 3 与壳体固定不动，动圈 1 和 5、隔套 6 随轴转动，滚针 7 可径向支承丝杠；两列圆柱滚子 2 和 4 装在保持架内，分别从两个方向对丝杠进行轴向支承；隔套 6 的长度决定轴承的轴向预紧量。这种轴承体积小、轴向刚度大，用于重载、高刚度场合，但与 60°接触角向心推力球轴承相比，摩擦力较大，允许转速较低。

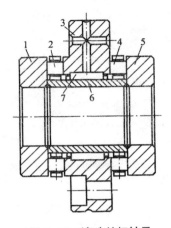

图 2-37　滚珠丝杠轴承

1、5—动圈；2、4—圆柱滚子；3—静圈；6—隔套；7—滚针

（2）丝杠的支承形式。主要可分为下列 4 种类型：

①一端固定、另一端自由，将包括两个推力轴承在内的全部轴承安装在丝杠一端，另一端不装轴承，用于短丝杠和垂直安装的丝杠。将图 2-38（a）中的左端轴承除去，便是这种类型。

②一端固定、另一端简支，如图 2-38（a）所示，是在第一种支承方式的基础上，在丝杠另一端加装向心轴承，用于轴向刚度较大的长丝杠支承。其优点是当丝杠发生热变形时，可以自由伸缩，不会影响推力轴承的调整间隙。

③两端固定，如图 2.38（b）所示，是将两个推力轴承分别安装在丝杠两端。这种支承形式可对丝杠施加预拉伸，此时丝杠工作中的最大拉压变形发生在支承跨距的中间位置，因此与一端固定的丝杠相比，其拉压刚度可增加 4 倍，是应用较多的支承形式。预拉伸载荷一般取最大工作载荷的 1/3，同时要注意热变形对轴承间隙的影响，将预紧力适当增加。

④两端固定、多轴承支承，如图 2-38（c）所示，即在一个支承处安放多个推力轴承或向心轴承，一方面可提高支承刚度，另一方面可把丝杠的热变形转化为推力轴承的轴向预紧力，提高支承的可靠性，但结构复杂，要注意轴承座的结构刚度和加工及安装精度。

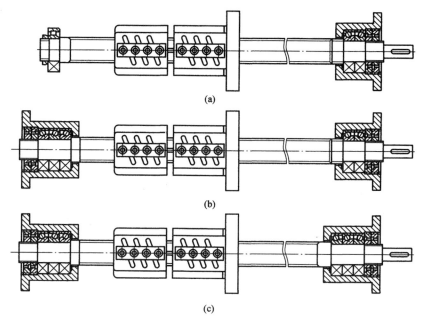

图 2-38　滚珠丝杠支承的典型结构

（五）滚珠丝杠补偿热变形的预拉伸

滚珠丝杠在工作时难免要发热，使其温度高于床身温度，此时丝杠的热膨胀会使其导程加大，影响定位精度。对于高精度丝杠，为了补偿热膨胀的影响，可将丝杠预拉伸，并使其预拉伸量略大于丝杠的热膨胀量，丝杠热膨胀的大小可由下式计算：

$$\triangle l = \alpha l \triangle t$$

式中，$\triangle l$ 为丝杠热膨胀量，单位为 mm；$\triangle t$ 为丝杠比床身高出的温升，单位为℃；l 为丝杠螺纹部分的长度，单位为 mm；α 为丝杠的热膨胀系数，单位为 mm/℃。

当丝杠温度升高发生热膨胀时，由于丝杠有预拉伸，则热膨胀的结果只会减少丝杠内部的拉应力，长度不会变化。为了保证定位精度，要进行预拉伸的丝杠在常温下的导程应该是其公称导程 S 减去预拉伸引起的导程变化量 $\triangle S$，即 $\triangle S = \triangle l \cdot S/l$。

（六）滚珠丝杠的设计计算

（1）疲劳强度计算。滚珠丝杠的工作转速一般大于 10r/min，因此应与滚动轴承相类似，进行疲劳强度计算，计算其当量动负荷：

$$C_m = F_m \sqrt[3]{L} f_w / f_a \leqslant C_a$$

式中，C_m 为滚珠丝杠的计算当量动负荷，单位为 N；C_a 为滚珠丝杠的额定当量动负荷，单位为 N；F_m 为丝杠轴向当量负荷，单位为 N；f_w 为运动状态系数，无冲击取 1～1.2，一般情况取 1.2～1.5，有冲击取 1.5～2.5；L 为工作寿命，单位为 10^6 r。

$$L = 60 n_m h / 10^6$$

式中，n_m 为当量工作转速，单位为 r/min；h 为以小时为单位的工作寿命，一般机床 $h = 10000$h，数控机床 $h = 15000$h。

丝杠在工作中其轴向负荷和转速是变化的，应根据载荷、转速及其时间分配求出，计算比较烦琐，一般可采用典型载荷与典型转速代替，也可用下式计算：

$$\left.\begin{array}{l} F_m = (2F_{max} + F_{min}) / 3 \\ n_m = (2n_{max} + n_{min}) / 3 \end{array}\right\}$$

式中，F_{max}、F_{min} 丝杠的最大、最小轴向负荷，单位为 N，可根据表 2-3 计算；n_{max}、n_{min} 为丝杠的最大、最小工作转速，单位为 r/min。

（2）刚度计算。滚珠丝杠副的变形应包括滚动轴承的接触变形，丝杠、螺母与滚珠之间的接触变形，丝杠的扭转变形和拉压变形等几部分，考虑到滚动轴承和丝杠螺母有预紧，丝杠的扭转变形对纵向变形影响较小，因此一般情况仅对丝杠的轴向拉压变形进行校核计算。丝杠的拉压刚度不是一个定值，对于一端固定的丝杠，其刚度随螺母至轴向固定端距离的变化而变化，其最小拉压刚度 k_E（N/mm）可用下式计算：

$$k_E = \pi d^2 E / 4 l_1$$

式中，d 为丝杠螺纹的底径，单位为 mm；E 为材料弹性模量，$E = 2 \times 10^5$ MPa；l_1 为螺母至固定端的最大距离，单位为 mm。

对于两端固定的丝杠，丝杠的拉压刚度 k 为：

$$k = \frac{\pi d^2 E}{4} \left(\frac{1}{l} + \frac{1}{L-l} \right)$$

式中，l 为螺母至丝杠一端的距离，单位为 mm；L 为丝杠的支承跨距，单位为 mm。

显然最小刚度出现在螺母处于支承跨距中点处，最小刚度为 $k_E = \dfrac{\pi d^2 E}{L}$。

（3）压杆稳定。对一端固定的长丝杠，应进行压杆稳定校核，如果验算不合格，应将其自由端改为简支或固定端。

六、伺服进给系统降速传动设计

为了提高传动效率和传动刚度，伺服电动机与滚珠丝杠之间应尽量采用直联传动，为了减少伺服电动机的输出转矩或运动匹配，有时也采用降速传动，由齿轮传动或同步齿形带传动完成，并尽量消除齿轮传动的齿侧间隙。

（一）降速传动比的计算

（1）开环系统。开环系统的降速传动比 i 主要取决于机床坐标轴的脉冲当量 δ（mm）、步进电动机的步距角 φ（度）和滚珠丝杠的导程 S（mm），即 $i = \dfrac{\varphi S}{360\delta}$。

（2）闭环和半闭环系统。闭环和半闭环系统的降速传动比 i 主要取决于伺服电动机的最高额定转速 n_{max}（r/min）、机床的最高进给速度 v_{max}（mm/min）和滚珠丝杠的导程 S（mm），即 $i = \dfrac{n_{max}}{v_{max}} = S$。

（二）消除齿轮传动间隙的措施

无论是齿轮传动还是同步齿形带传动，都存在齿侧间隙，在开环和半闭环系统中会引起反向死区，直接影响定位精度；在闭环系统中，出于有反馈作用，滞后量可得到补偿，但会使伺服系统产生振荡而不稳定。因此必须采取措施，将齿侧间隙减小到允许范围内。对于齿形带的齿侧间隙，一般采用软件补偿法，对于齿轮传动的齿侧间隙，可采用消隙机构，若仍不能满足要求，可再进一步采用软件补偿法。齿轮传动的消隙机构类型很多，可分为刚性调整法和柔性调整法两大类型。

（1）刚性调整法。调整后齿侧间隙不能自动补偿。因此，齿轮的周节公差及齿厚公差等要严格控制，否则会影响传动的灵活性。这种调整方法结构比较简单，且有较好的传动刚度，主要有偏心轴套调整法和双片斜齿轮轴向垫片调整法。

①偏心轴套调整法。如图 2-39 所示，电动机 1 通过偏心套 2 安装在箱体上，转动偏心套可在一定程度上消除因齿厚误差和中心距误差引起的齿侧间隙，但不能消除因偏心误差引起的齿侧间隙变动。

②双片斜齿轮轴间垫片调整法。如图 2-40 所示，将一个斜齿轮制成两片，中间加一个垫片，改变垫片厚度可引起斜齿轮的螺旋线产生错位，使双齿轮的齿

侧分别贴紧宽齿轮齿槽的左、右侧面，达到消除间隙的目的。

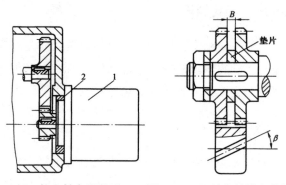

图 2-39　偏心轴套调整法　　图 2-40　双斜齿轮轴向垫片调整法

1—电动机；2—偏心套

（2）柔性调整法。利用弹簧力消除齿侧间隙，并能自动补偿侧隙的变化，可补偿因周节或齿厚变化引起的侧隙变动，做到无间隙啮合。但其结构复杂、传动刚度低、平稳性差，一般仅用于传递动力较小的场合。

①双片直齿轮弹簧力错齿调整法。如图 2-41 所示，两薄片齿轮 1、2 套装在一起，同宽齿轮 3 啮合，齿轮 1、2 端面分别装有凸耳 4、5，用拉簧 6 连接，在弹簧力作用下，两薄片齿轮产生相对转动，引起错齿，使双薄片齿轮的左、右齿面分别压紧宽齿轮的左、右齿面，达到消除侧隙的目的。除了采用拉簧外，还可将拉簧变成压簧或将拉簧安放在端面外，并对弹簧拉力进行调整。

②双片斜齿轮轴向压簧调整法。如图 2-42 所示，是将图 2-40 中的垫片拆去，改用轴向弹簧使齿轮螺旋线错位，形成柔性调整方式。

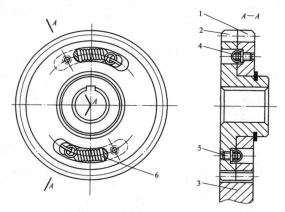

图 2-41　双片直齿轮弹簧力错齿间隙消除机构

1、2、3—齿轮；4、5—凸耳；6—拉簧

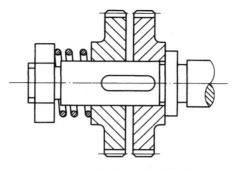

图 2-42 斜齿轮轴向压簧调整法

除了圆柱齿轮消隙机构外，还有锥齿轮消隙机构、蜗轮蜗杆消隙机构以及齿轮齿条传动消隙机构等。

七、伺服进给系统性能分析

伺服进给系统是数控机床的重要组成部分，其性能的优劣直接影响机床的加工精度和效率。对于开环系统和半闭环系统，其主要性能是系统的定位精度；对于闭环系统，其主要性能是系统的稳定性。此外，系统的速度误差还会对工件的轮廓误差等产生影响，坐标轴瞬时起、停或改变速度时，由于系统的动态特性会影响轮廓跟随精度，也会引起轮廓误差，特别是在加工内、外拐角时，会引起欠程误差、超程误差或加工振荡等。

（一）开环和半闭环系统的定位误差

一般来说，由于机械传动系统的刚度、摩擦等因素不包括在开环和半闭环伺服控制系统的位置控制环节中，所以一般情况下系统都能稳定工作，但必须考虑由此引起的定位误差。影响开环和半闭环系统定位精度的因素很多，除了传动误差（如丝杠螺旋误差等）外，主要是死区误差。

所谓死区误差是指传动系统在启动或反向时产生的输入运动与输出运动的差值。死区误差主要有间隙死区误差和摩擦死区误差两大类型。由于机械传动装置存在间隙，伺服电动机在启动或反向时首先要消除这部分间隙，因而形成间隙死区误差；由于传动系统，特别是导轨中摩擦的存在，伺服电动机在启动或反向要克服摩擦力引起传动装置变形，因而产生摩擦死区误差，即：

$$\triangle = \delta_h + 2\delta_f = \sum \delta_{hi}/i_i + 2F_0/k_0$$

式中，$\triangle$ 为最大死区误差，单位为 mm；δ_h 为间隙死区误差，单位为 mm；δ_f 为摩擦死区误差，单位为 mm；δ_{hi} 为第 i 个传动副的传动间隙，单位为 mm；i_i 为第 i 个传动副至工作台的降速比（$i_i > 1$）；F_0 为进给导轨的静摩擦力，单位为 N；k_0 为系统折算到工作台上的综合刚度，单位为 N/μm。

$$\frac{1}{k_0} = \frac{1}{k_e} + \frac{1}{k'_R}, \quad k'_R = k_R \ (2\pi i/S)^2 \times 10^6$$

式中，k_e 为机械传动装置折算到工作台上的刚度，单位为 N/μm；k_R 为反映在伺服电动机轴上的控制系统伺服刚度，单位为 N/μm；S 为丝杠导程，单位为 m；i 为伺服电动机与工作台之间的降速比。

机械传动装置折算到工作台上的刚度包含所有传动件的刚度，但一般情况下主要是丝杠副的刚度。丝杠副的刚度主要是丝杠的拉压刚度、对滚动支承的接触刚度、滚珠与丝杠和螺母滚道间的接触刚度，在精确计算时也应予以考虑。

伺服控制系统反映在电动机上的伺服刚度是伺服电动机输出转矩与位置偏差之比，是反映控制系统克服外界干扰（即负载）的能力，与伺服电动机及有关控制元件的性能有关，对于一般的半闭环系统，可采用下式计算：

$$k_R = K_S K_t K_e \ (1 + K_{vo}) \ /R_M$$

式中，K_S 为控制系统的开环增益，单位为 1/s；K_t 为电动机转矩系数，单位为 N·m/A；K_e 为电动机反电动势系数，单位为 V·s/rad；K_{vo} 为速度控制环开环增益，单位为 V/V；R_M 为电动机电枢回路及伺服放大器的阻抗，单位为 Ω。

（二）闭环系统的稳定性

闭环伺服进给系统中，有位移检测装置直接对刀架或工作台的位移进行检测和反馈，在数控装置的比较环节中，指令位移和检测位移进行比较，用其差值对伺服电动机进行控制，可以消除传动装置的定位误差，因此系统的稳定性是设计的主要问题，为此必须对系统的动态特性进行分析。对于大惯量直流电动机驱动的中、小型数控机床的伺服进给系统，其频率响应决定于电动机速度环的频率特性，可简化为二阶系统进行稳定性分析。系统开环传递函数 $G_K \ (s)$ 和阻尼比 ξ 可用下式表示：

$$G_K \ (s) = \frac{K}{s \ (Ts+1)}$$

$$\xi = \frac{1}{2\sqrt{KT}}$$

式中，k 为系统开环增益，单位为 1/s；T 为时间常数，单位为 s。

机床伺服进给系统的开环增益一般为 20～30。对轮廓加工的连续控制应选取较高的增益，同时注意使阻尼比不致太小，提高系统的稳定性。

对于小惯量直流伺服电动机驱动的中小型数控机床和大惯量直流伺服电动机驱动的大型数控机床，由于伺服传动机构的固有频率远低于电动机的固有频率，系统的频率特性主要取决于机械传动机构的频率特性。此时，机械传动装置可简化为滚珠丝杠做扭转振动的二阶振动系统，系统的开环传递函数可表示为：

$$G_K(s) = \frac{Kw_n^2}{s(s^2+2\xi w_n s+w_n^2)}$$

其中，w_n 为系统的固有频率；

$$w_n = \sqrt{\frac{k}{J}}$$

$$\xi = \frac{f}{2\sqrt{Jk}}$$

式中，k 为系统折算到丝杠上的总刚度，单位为 N·m/rad；J 为系统折算到丝杠上的总惯量，单位为 kg·m³；f 为折算到丝杠上的黏性阻尼系数，单位为 N·m·s/rad。

根据自动控制理论，系统稳定性的条件为：

$$K < 2\xi w_n$$

（三）系统跟随误差对轮廓加工误差的影响

在连续进行轮廓加工时，要求精确地控制每个坐标轴运动的位置和速度。实际上系统存在着稳态误差，会影响坐标轴的协调运动，产生轮廓跟随误差。

（1）跟随误差。数控机床的伺服进给系统可简化成一阶系统，由控制理论可知，对于一阶系统，当恒速输入时，稳态情况下系统的运动速度与速度指令值相同，但两者的瞬时位置有一恒定滞后。跟随误差可表示为 $E = V/K_s$，E 为坐标轴的跟随误差；V 为坐标轴运动速度；K_s 为该坐标轴控制系统的开环增益。

（2）直线加工的轮廓误差。根据几何关系，平面直线加工时的轮廓误差，即实际直线与理论直线的距离可表示为：

$$\varepsilon = V\sin 2\alpha(K_{SX}-K_{SY})/2K_{SX}K_{SY}$$

式中，ε 为直线的轮廓误差；V 为加工的进给速度；α 为直线与 X 轴的夹角；K_{SX} 为 X 轴的系统增益；K_{SY} 为 Y 轴的系统增益。

显然，若两坐标轴控制系统的增益相等时，轮廓误差 ε 为零；若不等，则存在轮廓误差，与两坐标轴增益的差值、进给速度成正比，且与直线与 X 轴的夹角有关，$\alpha = 45°$时，ε 值最大。

（3）圆弧加工时的轮廓误差。平面圆弧加工时，若两坐标轴的系统增益相等时，被加工圆弧会产生半径误差，且有 $\triangle R = V^2 / [2R(K_{VX}^2 + K_{VY}^2)]$，$\triangle R$ 为圆弧半径误差，R 为被加工圆弧的半径。

显然，圆弧半径误差与进给速度成平方正比，与被加工圆弧的半径及合成系统增益的平方成反比。若两坐标轴的系统增益不等，被加工形状会变成为椭圆。

（4）拐角加工时的误差。拐角加工为直角的零件，而且加工路径恰好沿着两个正交坐标轴时，在某一轴的位置指令输入停止的瞬间，另一轴紧接着接受位置指令。但在指令突然发生改变的瞬间，第一轴对指令位置有一滞后量，即位置偏差 v/k_s。此时第二轴已根据指令开始运动。但第一轴在消除滞后量过程中继续运动，结果构成了一个弯曲过渡。如图 2-43 所示，若进给系统的系统增益较低，位置响应特性如图（b）所示，则形成的弯曲过渡如图（a）所示；若进给系统的系统增益较高，位置响应特性如图（c）所示，有位置超程，则形成的弯曲过渡如图（d）所示。图（e）为两轴联动，以 1500mm/min 的进给速度加工 90° 拐角时不同系统增益的情况。对于低增益系统，如 $K_S = 20s^{-1}$，会使拐角处稍有圆弧，若为外拐角，则多切去一个小圆弧；若为内拐角，则留下多余金属，形成欠程误差，欠程误差可让刀具在拐角处停留 20～50ms 加以消除。对于高增益系统，如 $K_S = 100s^{-1}$，在切外拐角处会留下一个鼓包，在切内拐角时会形成过切，形成超程误差，有时还会产生振荡，形成切削波纹。为限制超程时过切，可在编程时安排第一轴分级降速，或在程序段转换时，采用自动降速和加速功能。

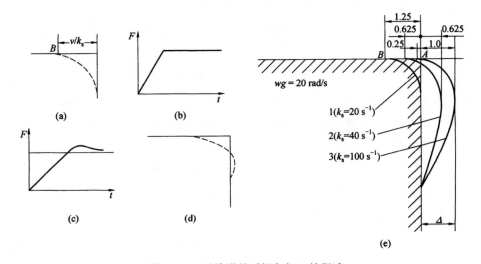

图 2-43　系统增益对拐角加工的影响

第五节　机床主轴组件设计

主轴组件是由主轴、主轴支承及安装在主轴上的传动件等组成。主轴的主要功用是夹持工件或刀具（包括砂轮）转动进行切削加工，传递运动、动力及承受切削力等，并保证刀具或工件具有准确的运动轨迹。主轴组件是机床的执行件，它带动工件或刀具直接参与表面成形运动，其工作性能对机床的加工质量及生产率有直接影响，是机床的一个重要组件。

一、主轴组件基本要求

为适应不同的使用要求和工作性能，机床主轴组件的结构形式是多种多样的，即使同一类机床，由于工作性能要求不同，主轴组件的结构也会存在较大差异。但是它们都应满足共同的要求，即主轴组件在给定的载荷与转速范围内，应能长期稳定地保持所需要的工作精度。因此，主轴组件设计时必须满足下述基本要求。

（1）旋转精度。主轴组件的旋转精度是指机床在空载低速时，主轴前端安装刀具或工件部位的径向圆跳动、端面圆跳动和轴向窜动量。旋转精度是机床精度的一项重要指标，直接影响工件的几何精度和表面粗糙度。通用机床（包括数控机床）主轴组件的旋转精度，国家已规定在各类机床的精度检验标准中。专用机床主轴组件的旋转精度应根据工件加工精度要求而定。旋转精度主要取决于主轴、轴承、调整螺母及支承座孔等的制造及装配（包括调整）质量。

（2）刚度。刚度是指主轴组件在外载荷作用下抵抗变形的能力。通常以主轴前端产生单位位移时，在位移方向上施加作用力的大小表示。位移量是在静态下加载测量的。如果主轴组件刚度不足，主轴将产生较大的弹性变形，从而降低加工质量，恶化主轴上齿轮和轴承的工作条件，引起振动，降低机床的生产率和寿命。刚度是主轴、轴承和支承座刚度及其接触刚度的综合反映，主要取决于主轴的结构形状及尺寸、轴承的类型及配置、轴承间隙的调整、传动件的布置、主轴组件的制造及装配质量等。目前，机床主轴组件刚度尚无统一标准。

（3）抗振性。主轴组件的抗振性是指机床抵抗振动（包括受迫振动和自激振动）的能力。振动会造成工件表面质量和刀具耐用度降低、机床的生产率下降、加剧机床零件的损坏、恶化工作环境等不良后果。抗振性主要取决于主轴组件的刚度、阻尼和固有频率，轴承类型及配置，主轴传动方式，主轴组件质量分布情况，齿轮和轴承等主要零件的制造精度和装配质量等。抗振性指标目前尚无统一标准，可参考有关试验数据。

（4）热稳定性。主轴组件的热稳定性是指运转中抵抗热位移而保持准确、稳定运转的能力。主轴组件在运转中由于摩擦和搅油产生热量而引起温升。温升过高，主轴组件和箱体等会产生热变形，使主轴产生较大的径向和轴向热位移，会影响加工精度，使轴承间隙变化，恶化工作条件等。主轴组件的热稳定性主要取决于轴承类型及配置、轴承间隙量、润滑和密封方式、散热条件等。其中轴承温升的影响最大，需加以控制。通常在室温20℃条件下，普通精度小型机床主轴轴承外围或轴瓦允许温度为45～50℃，普通精度大型机床为50～55℃，精密机床为35～40℃，高精度机床为28～30℃。

（5）耐磨性。主轴组件的耐磨性是指抵抗磨损能长期保持其原始制造精度的能力。耐磨性不高，会引起主轴组件的精度保持性不好。为此，要求主轴轴承、安装刀具或工件的定位面、主轴轴颈及各滑动表面均应有较高的耐磨性。主轴组件的耐磨性主要取决于主轴、轴承的材料及热处理，轴承类型，润滑及密封条件等。数控机床除满足上述基本要求外，还应根据具体情况有所侧重，如高效数控机床主轴组件还应注意高速和高刚度要求等。

二、主轴

（1）主轴结构形状。主轴的结构形状比较复杂，应满足使用要求、结构要求及加工、装配工艺性要求等。主轴端部是安装刀具、夹具的部位，其结构形状取决于机床类型。安装方式应保证刀具或夹具的定心准确、连接可靠、装卸方便、悬伸量短以及能够传递足够的转矩等。通用机床的主轴端部结构已标准化，设计时可查相应的机床标准。有些机床如卧式车床、转塔车床、自动车床、铣床等主轴必须是空心的，用来通过棒料、拉杆以及取出顶尖等。对于主轴上需要安装气动、电动或液压式工件自动夹紧装置的机床，如卧式车床，主轴尾部应有安装基面及相应连接部位。

主轴上要安装各种传动件、轴承、紧固件及密封件等，其结构形状应考虑这些零件的类型、数量、安装定位及紧固方式的要求。为了便于装配，主轴一般为阶梯形，从前轴颈向后端或从中间向两端轴径逐渐减小。还应注意加工方便性，尽量减少复杂加工。

（2）主轴材料及热处理。机床主轴有较高的刚度要求，而刚度与主轴材料的弹性模量 E 值密切相关。由于各种钢材的 E 值相差无几（为 $2.1 \times 10^5 \mathrm{MPa}$ 左右），故影响不大。通常主轴材料根据主轴的耐磨性及热处理后变形大小选择。一般主轴多采用 45 号或 60 号优质中碳钢，调质到 HB220～250。在安装工件或刀具的定心表面以及滑动轴承轴颈处局部高频淬硬至 HRC50～55。对于高精度机床主轴，可选用 40Cr 或低碳合金钢 20Cr、16MnCr5、12CrNi2A 等渗碳淬硬至 HRC60 以上。高速中载的主轴，表面硬度要求较高时，可选用 20Cr、20MnVB 或 20Mn2B 等；要求再高时，可选用 20CrMnTi 或 12CrNi3 合金钢，经渗碳后淬火，表面硬度可达 HRC58～63。若主轴要求表面硬度及耐磨性很高，如坐标镗床、镗床及加工中心主轴，可用 38CrMoAlA 钢，经调质后渗氮，表面硬度可达 HV900 以上。对转速较低、精度要求较低或大型机床的主轴，也可选用球墨铸铁。

（3）主轴技术要求。主轴的技术要求主要应满足主轴精度及其他性能的设计要求，同时应考虑制造的可能性和经济性，便于检测等。为此应尽量做到检验、设计、工艺基准的一致性。

图 2-44 所示为一主轴的形位公差标注示意图。图中轴颈 A 和 B 是主轴旋转精度的基础，其公共轴心线 A—B 即为设计基准。为保证主轴的旋转精度，轴颈的精度和表面粗糙度应严格控制，同时轴颈 A 和 B 的公共轴心线又是前锥孔的工艺基准及各重要表面的检验基准。可以控制 A、B 表面的圆度和同轴度，也可控制这两个表面的径向圆跳动公差。普通精度机床主轴轴颈尺寸常取 IT5，形状公差数值一般为尺寸公差的 1/4～1/3。

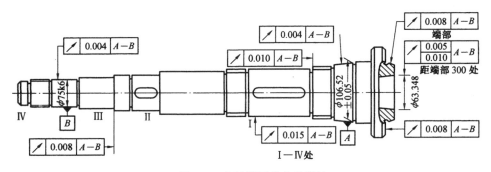

图 2-44 主轴的形位公差标注

主轴锥孔应保证与轴颈中心线同心，以轴颈为基准面最后精磨锥孔。分别在主轴端部和距主轴端部 300mm 处测量锥孔中心线对主轴旋转中心线的径向圆跳动，其测量值应符合有关机床精度标准规定。

主轴端短锥面是卡盘定心面，其表面的径向圆跳动以及法兰的端面圆跳动，安装齿轮表面的径向圆跳动等均以公共轴心线 A—B 为基准进行测量，其数值可参见机床精度标准规定，其中安装齿轮表面的径向圆跳动，可取略小于直径公差的一半。主轴安装滚动轴承处的轴颈表面粗糙度为 $Ra0.4\mu m$，安装滑动轴承的轴颈表面粗糙度为 $Ra0.2\mu m$。

三、主轴传动件

（一）主轴传动件类型选择

常用主轴传动件有齿轮、蜗轮、带轮及电动机直接驱动等类型，其类型选择取决于主轴传递动力、转速、运动平稳性及结构等要求。

（1）齿轮。齿轮是常用的主轴传动件，其特点是结构简单、紧凑、可传递较大转矩，并可适应变载荷、变转速工作条件。其缺点是线速度不宜过高，一般 $v \leqslant 2 \sim 15 m/s$。为降低噪声，要适当提高齿轮的加工精度。采用斜齿轮可提高传动平稳性，其螺旋角通常取 $\beta = 20° \sim 35°$，根据工作中产生的轴向力来合理确定螺旋线方向：粗加工时应使轴向力与切削力的轴向分力方向相反，有利于改善轴承的工作条件；精密、高速加工时，可使二者方向相同，避免工作中产生轴向窜动，有利于提高主轴的轴向精度。普通机床主轴上若采用高、低速两个斜齿轮时，因其分别用于精加工和粗加工，应按上述原则取不同旋向；若机床有不同轴向切削力时，应考虑主要切削力方向。

（2）蜗轮。蜗轮传动平稳、噪声小，但效率低，易发热、磨损，故适用于低速、小功率且加工质量要求较高的场合（如高精度丝杠车床）。

（3）带轮。带传动运转平稳，结构简单，适用于转速较高且表面加工质量要求较高的场合及中心距较大的两轴间的传动。缺点是有滑动，传动比不准确。常用的有平带、V 带、多楔带及同步齿形带等。

数控机床主轴转速向高速化发展，可达 $5000 \sim 6000 r/min$，通常采用多楔带或同步齿形带传动。同步齿形带是通过带上的齿形与带轮上的轮齿相啮合，无相对滑动，传动比准确，传动精度高，强度高。传动比大，可达 1：10 以上，传递动力可超过 100kW；质量轻，传动平稳，噪声小和效率高，适用于高速传动，速度可达 50m/s。缺点是制造工艺复杂，安装条件要求较高。

（4）电动机直接驱动。近年来在数控机床、加工中心及精密机床上越来越多地采用电主轴单元。电主轴单元是将主轴与电动机制成一体，转子轴就是主轴，电动机座就是主轴单元的壳体。采用电主轴单元可提高主轴刚度，降低噪声和振动，获得较大的调速范围、较大的功率和转矩等，且简化主轴结构。

（二）主轴传动件布置

通常主轴在前端承受切削力，主轴传动件的位置及受力方向能直接影响主轴变形和前支承受力的大小，因此需要合理布置传动件。根据主轴承受传动力的情况可归纳为以下几种方式：

（1）主轴不承受传动力（卸荷主轴）。图 2-45 所示传动件 3（齿轮或带轮）不直接安装在主轴 1 上，而是装在固定于箱体上的独立支承 2 上，通过键连接或离合器传动主轴。传动力通过独立支承传给箱体，而不能作用在主轴上，因此减少了主轴的弯曲变形。这种布置方式只传递转矩而卸掉了对主轴的径向力，使主轴只承受切削力而不受传动力，在高精度及精密机床、数控机床上应用较广泛。

（2）主轴尾端承受传动力。此种布置多用于外圆磨床、内圆磨床砂轮主轴，带轮装在主轴的外伸尾端上，便于防护和更换，使之承受传动力 Q，如图 2-46 所示。传动力在主轴前端引起的位移是由主轴本身变形和前支承变形所引起的位移叠加，二者方向相反，故位移量小，因此主轴前端位移量主要是由切削力 F 决定。如果 Q 与 F 同向时，则前支承的支反力较小，$R_A = F(1+a/L) - Qb/L$，有利于改善前轴承的工作条件及减小主轴组件的振动。

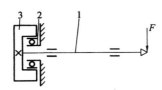 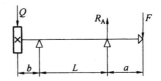

图 2-45　主轴不承受传动力　　　　图 2-46　主轴尾端承受传动力

1—主轴；2—独立支承；3—传动件

（3）主轴前端承受传动力。传动件布置在主轴悬伸端，使 F 和 Q 力向相反，如图 2-47 所示。可使主轴前端位移量相互抵消一部分，减少了主轴前端位移量，同时前支承支反力也减小。主轴的受扭段变短，提高了主轴刚度，改善了轴承工作条件。但这种布置会引起主轴前端悬伸量增加，影响主轴组件的刚度及抗振性，只适于大型、重型机床。

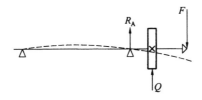

图 2-47　主轴前端承受传动力

（4）主轴两支承间承受传动力。这是主轴传动件最常见的布置方式。为减小主轴的弯曲变形和扭转变形，传动齿轮应尽量布置在靠近前支承处；当主轴上有两个传动齿轮时，由于大齿轮用于低速传动，作用力较大，应将大齿轮布置在靠近前支承处。

如图 2-48（a）所示，在影响加工精度敏感方向上的传动力 Q_y 与切削力 F_y 方向相反时，主轴前端的位移量增大，但前支承反力减小，这适于普通精度机床。因这类机床的加工精度要求不高，而主轴受力较大，需减少前支承的支反力，使轴承降低发热和提高寿命，并可提高主轴组件的抗振性。

如图 2-48（b）所示，Q_y 与 F_y 同向时，主轴前端的位移量减少，但前支承反力增大，这适于精密机床。因这类机床主要用于精加工，主轴受力较小，因而支反力 R_{Ay} 并不大，考虑精度是主要的。

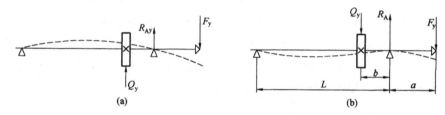

图 2-48　主轴两支承间承受传动力

机床上切削力 F_y 的方向是一定的，Q_y 方向取决于主轴的前一传动轴即末前轴的空间布置，可根据加工精度要求，以及传动方式空间结构等加以布置。

四、主轴滚动支承

主轴支承是主轴组件的重要组成部分，主轴支承是指主轴轴承、支承座及其相关零件的组合体，其中核心元件是轴承。因此，采用滚动轴承的支承称为主轴滚动支承；采用滑动轴承的支承称为主轴滑动支承。滚动轴承的主要优点是适应转速和载荷变动的范围大；能在零间隙或负间隙（一定的过盈量）条件下稳定运转，具有较高的旋转精度和刚度；轴承润滑容易，维修、供应方便，摩擦系数小等。其缺点是滚动轴承的滚动体数目有限，刚度是变化的，阻尼也较小，容易引起振动和噪声；径向尺寸也较大。滑动轴承具有抗振性好、运转平稳、旋转精度高及径向尺寸小等优点，但制造、维修比较困难，并受到使用场合限制，如立式主轴漏油问题解决较困难等。

设计主轴支承时，应尽量采用滚动轴承。当主轴速度、加工精度及工件加工表面有较高要求时才用滑动轴承。滚动支承的主要设计内容包括：滚动轴承类型的选择，轴承的配置，轴承的精度及选配，轴承的间隙调整，轴承的配合，支承座结构形式，润滑及密封等。

（一）主轴常用滚动轴承的结构特点

1. 圆锥孔双列圆柱滚子轴承（NN3000K型，原3182100型）

如图 2-49 所示，轴承内圈为锥度 1∶12 的锥孔，滚动体是两列交错排列的短圆柱滚子，可随同带滚道槽的内圈沿外围轴向移动。内圈锥孔与主轴的锥形轴颈相配合，当二者产生相对轴向位移时，可把较薄的内圈胀大，达到改变径向间隙或预紧的目的。该种轴承有滚道槽开在内圈上或外圈上两种不同形式。

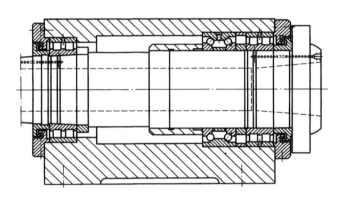

图 2-49　CNC 车床主轴组件

这种轴承结构紧凑，能承受较大的径向载荷及较高转速，滚子数量多且交叉排列，抗振性好，但不能承受轴向载荷。适用于载荷较大、高速及精密机床主轴组件。

2. 双向推力角接触球轴承（234000B型，原2268100型）

如图 2-49 前支承所示，这种轴承与圆锥孔双列圆柱滚子轴承配套使用，由一个外圈、两个内圈、中间隔套及两列钢球组成。修磨中间隔套的厚度可准确调整轴承间隙或预紧。此类轴承主要用于承受两个方向的轴向载荷。接触角为 60°，轴承外圈开有油槽和油孔，以利润滑油进入轴承。

这种轴承的主要优点是承载能力大和刚度高；允许转速高，温升较低；抗振性较好。用于轴向载荷较大的高速、精密机床主轴组件。

3. 圆锥滚子轴承

主轴常用圆锥滚子轴承，分为单列（32000型，原2007100型）和双列

（350000 型，原 297000 型）两种类型。单列圆锥滚子轴承既能承受径向载荷，又能承受单向轴向载荷。双列圆锥滚子轴承能承受径向载荷和双向轴向载荷。由于圆锥滚子轴承滚子大端面与内圈挡边之间有摩擦，发热较高，所以轴承转速受到限制。适用于中速、一般精度的主轴组件。美国 *Timken* 公司开发的单列圆锥滚子轴承改滚子为中空圆弧大端面，可减小摩擦发热，温升降低约 15%，图 2-50 所示为配置 *Timke* Ⅱ 轴承的卧式车床主轴组件。

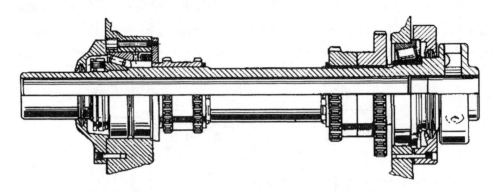

图 2-50　　配置 *Timken* 轴承的卧式车床主轴组件

　　图 2-51 所示为配置 *Garnet* 轴承的主轴组件。双列（*H* 系列）用于前支承，单列（*P* 系列）用于后支承。保持架整体加工，采用中空滚子，润滑油的大部分被迫通过滚子的中孔，起冷却作用，少量流经滚子和滚道之间，起润滑作用。轴承散热好，极限转速可提高 20%～40%。由于两列滚子数目相差一个，使其刚度变化频率不同，从而抑制了振动。单列圆锥滚子轴承外圈上有弹簧（16～20个），用于自动调整间隙。

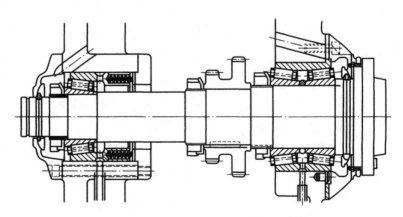

图 2-51　　配置 *Garnet* 轴承的卧式车床主轴组件

4. 角接触球轴承

角接触球轴承又称向心推力球轴承（70000 型），可以承受径向载荷和单向轴向载荷，极限转速较高。接触角有 15°、25°、40° 和 60° 等，其中主轴轴承多用 15° 和 25°。所承受轴向载荷随接触角 α 的增大而增大。常用的有 70000C 型（$\alpha = 15°$）、70000AC 型（$\alpha = 25°$）等。

在同一个支承中，角接触球轴承可采用成对安装，也可 3 个、4 个组配在一起。图 2-52 所示为成对安装角接触球轴承，已标准化。图 2-52（a）为串联配置，两个轴承大口方向相同，可承受较大的单向轴向载荷，实际结构如图 2-53 所示。图 2-52（b）为背靠背配置，两个轴承的反作用力组成的反力矩大，可抵消一部分外载荷产生的弯矩，对提高主轴组件刚度有利，应用较广泛，但轴承装卸较困难。图 2-52（c）为面对面配置，因两轴承产生的反力矩较小，故对主轴组件刚度提高不大，但轴承装卸方便。

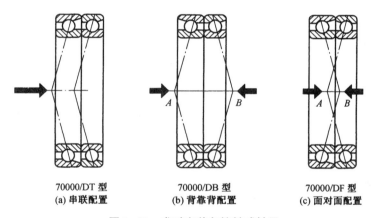

70000/DT 型
(a) 串联配置

70000/DB 型
(b) 背靠背配置

70000/DF 型
(c) 面对面配置

图 2-52　成对安装角接触球轴承

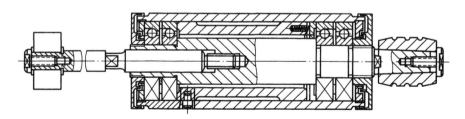

图 2-53　内圆磨头

5. 陶瓷滚动轴承

陶瓷滚动轴承是近年来发展迅速的一种新型滚动轴承，其安装尺寸与钢质轴承相同，可以互换。现已制成角接触和双列短圆柱两种形式。采用的陶瓷材料为 Si_3N_4，此轴承材料的密度和线胀系数小，弹性模量大，因此质量轻、离心力小，可减小压力和滑动摩擦；滚动体的热胀系数小、温升小、运动平稳以及轴承刚度较高等，故适应高速运转。

根据轴承的滚动体和内、外圈是否采用陶瓷材料，可分为 3 种类型：滚动体是陶瓷；滚动体和内圈是陶瓷；全陶瓷。其中前两类由于采用不同材料，运转时分子亲和力小，摩擦系数小，有一定自润滑性能，应用较多，适于高速、超高速和精密机床。全陶瓷型适于耐高温、耐腐蚀、非磁性及超高速等特殊场合。

此外，主轴常用的滚动轴承还有推力球轴承（51000 型，原 8000 型）、深沟球轴承（60000 型）等。

（二）主轴滚动轴承选择

主轴组件的滚动轴承既要有承受径向载荷的径向轴承，又要有承受两个方向轴向载荷的推力轴承。轴承类型及型号选用主要应根据主轴组件的刚度、承载能力、转速、抗振性及结构等要求合理进行选定。

同样尺寸的轴承，线接触的滚子轴承比点接触的球轴承的刚度要高，但极限转速要低；多个轴承比单个轴承承载能力要大；不同轴承承受载荷类型及大小不同；还应考虑结构要求，如中心距特别小的组合机床主轴，可采用滚针轴承。

为提高主轴组件的刚度，通常采用轻系列或特轻系列轴承，因为当轴承外径一定时其孔径（即主轴轴颈）较大。主轴常用的滚动轴承类型见表 2-9。

表 2-9 主轴常用滚动轴承类型选择

轴承工作条件			径向轴承及推力轴承类型
转速	径向载荷	轴向载荷	
高	较小	较小	70000
较高	较大	较小	NN3000K 及 70000
较高	较大	较大	NN3000K 及 234000B
中等	中等	中等	32000
中等	大	中等	350000
较低	小	大	60000 及 51000
较低	较大	大	NN3000K 及 51000

（三）主轴滚动轴承配置

主轴组件需要使用若干个轴承，其配置方式对主轴组件的性能有重要影响，应根据主轴工作条件（载荷大小及方向、转速等）、机床用途及工作性能合理选择。

1. 径向轴承配置

主轴组件无论是两支承或三支承，各支承处均需配置径向轴承。一般前支承对主轴组件性能影响较大，应优先选定合适的轴承，其他支承轴承的性能可略低于前支承。三支承主轴组件的辅支承应配置间隙较大的轴承，一般取后支承为辅支承。

2. 推力轴承配置

主轴一般受两个方向轴向载荷，需至少配置两个相应的推力轴承，要特别注意轴向力的传递。主轴组件必须在两个方向上都要轴向定位，否则在轴向力作用下就会窜动，破坏精度和正常工作性能。主轴组件的轴向定位方式是由推力轴承的布置方式决定的，分为 3 种。

（1）前端定位。图 2-54（a）所示主轴推力轴承均布置于主轴前支承。其特点是主轴受热变形向后伸长，不影响主轴前端的轴向精度；主轴在轴向切削力作用时受压段短，纵向稳定性好；前支承角刚度高，角阻尼大，有利于提高主轴组件的刚度及抗振性。缺点是前支承结构复杂，温升较高。适用于高速、精密机床主轴及对抗损性要求较高的普通机床主轴；如图 2-49 和图 2-51 所示结构。

图 2-49 左向轴向力，通过主轴法兰、隔套、NN3000K 轴承内圈、内隔套、234000B 轴承，传给箱体。右向轴向力，通过主轴套、23400DB 轴承、外隔套、NN3000K 轴承外圈、法兰盘和螺钉，传给箱体。

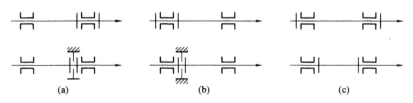

图 2-54　主轴组件的轴向定位方式

（2）后端定位。图 2-54（b）所示主轴两个推力轴承均布置在后支承，其特点是前支承结构简单，温升较小。但主轴受热向前伸长，影响主轴的轴向精度，刚度及抗振性较差。适用于要求不高的中速、普通精度机床主轴，如图 2-55 和图 2-56 所示结构。

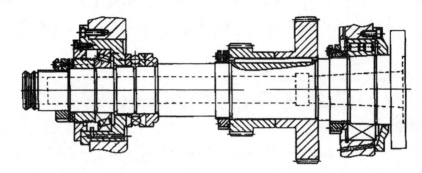

图 2-55　C7620 型多刀车床的主轴组件

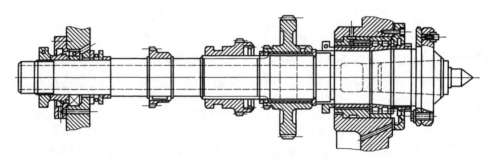

图 2-56　C6140 型卧式车床主轴组件

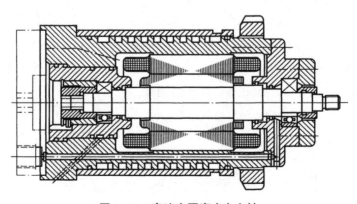

图 2-57　高速内圆磨床电主轴

（3）两端定位。图 2-54（c）所示主轴推力轴承分别布置在前、后两个支承处，分别承受两个方向的轴向力，其特点是支承结构简单，间隙调整方便，只需在一端调整两个轴承间隙。缺点是主轴受热伸长会改变轴承间隙，影响其旋转精度及寿命，且刚度及抗振性较差。适用于轴向间隙变化不影响主轴组件正常工作的机床主轴，如钻床；或支距较短的主轴，如电主轴组合机床；或有自动补偿轴向间隙装置的机床。如图 2-51 和图 2-57 所示。

几种类型主轴滚动轴承配置形式及其工作性能相对比较见表 2-10。

表 2-10　几种典型主轴滚动轴承配置形式及其工作性能相对比较

序号	轴承配置形式	前支承 (径向/轴向)	后支承 (径向/轴向)	极限转速	前支承承载能力 径向	轴向	刚度 径向	轴向	温升 总的	前支承	轴向热位移	应用举例
1		NN3000K / 234000B	NN3000K / —	1.0	1.0	1.0	1.0	1.0	1.0	1.0	1.0	车、铣、镗、磨床
2		NN3000K / 51000（2）	NN3000K / —	0.65	1.0	1.0	0.9	3.0	1.15	1.2	1.0	车、铣、镗床
3		NN3000K / —	70000AC/DB（2）	1.0	1.0	1.0	0.6	0.8	0.7	0.5	3.0	车、铣、镗床
4		30000	30000	0.6	0.8	1.0	0.7	1.0	0.8	0.75	0.8	车、铣床
5		350000	30000	0.8	1.5	1.0	1.13	1.0	1.4	0.6	0.8	车、铣、坐标镗床
6		70000AC/DB（2）	70000AC/DB（2）	1.2	0.7	0.7	0.45	1.0	0.7	0.5	0.8	内磨、外磨、精镗、组合机床
7		70000AC/DT（2）	70000AC/DT（2）	1.2	0.7	1.0	0.35	2.0	0.7	0.5	0.8	磨床
8		60000（2） / 51000	60000 / 510000	0.75	0.7	1.0	0.35	1.5	0.85	0.7	0.85	立式、摇臂钻床

注：工作性能指标用相对值表示（第一种为 1.0）

3. 三支承配置

机床主轴通常采用两支承，结构简单，制造、装配方便，容易保证精度，可满足使用要求。一些大型、重型机床多采用三支承结构，其刚度和抗振性较高，但对 3 个支承座孔同心度要求高，增加了制造、装配的困难和结构的复杂程度。

为保证其刚度和旋转精度，需将其中两个支承预紧，称为紧支承或主要支承；另一个支承必须具有较大的间隙，称为松支承或辅助支承。对于一般精度机床，应选前、中支承为主要支承；后支承为辅助支承，主要起平稳定心作用。对于精密机床，应采用前、后支承为主要支承，中间支承为辅助支承，主要起增加阻尼作用。

（四）主轴滚动轴承精度及选配

1. 主轴滚动轴承精度选择

机床主轴滚动轴承通常采用 P2、P4、P5 级（相当于旧标准的 B、C、D 级）。新标准增加了 SP 级（其尺寸精度相当于 P5 级，旋转精度相当于 P4 级）和 UP 级（其尺寸精度相当于 P4 级，旋转精度高于 P2 级）。P6 级（旧标准 E 级）目前已少用。轴承精度越高，主轴旋转精度及其他性能越好，但轴承价格越昂贵。

主轴前后支承的径向轴承对主轴旋转精度影响是不同的。图 2-58（a）表示前轴承内圈有偏心量 δA（即径向跳动量之半），后轴承偏心量为零的情况，则反映到主轴端部的偏心量为：

$$\delta_1 = \left(1 + \frac{a}{L}\right)\delta_A$$

图 2-58（b）表示后轴承内圈有偏心量 δ_B，前轴承偏心量为零的情况，则反映到主轴端部的偏心量为：

$$\delta_2 = \frac{a}{L}\delta_B$$

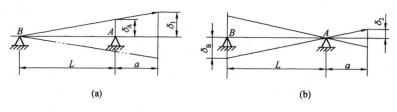

图 2-58　前、后轴承内圈偏心对主轴端部旋转精度的影响

当轴承内圈偏心量一定（即 $\delta_A = \delta_B$）时，则 $\delta_1 > \delta_2$，这说明前轴承内圈偏心量对主轴端部的旋转精度影响较大，具有误差放大作用，因此，前轴承的精度应比后支承高些，通常高一级。所以，主轴滚动轴承精度选择应注意：

（1）首先选择前支承的径向轴承（简称前轴承）的精度，应与机床精度相匹配。可参考表 2-11。镗床类机床应提高一级，数控机床可按精密级或高精度级选用。

（2）后轴承精度可比前轴承低一级。

（3）推力轴承相应可与后轴承相同。

表 2-11 机床主轴滚动轴承精度选择

机床精度等级	轴承精度等级	
	前轴承	后轴承和推力轴承
普通级	P5 或 P4（SP）	P6 或 P5（SP）
精密级	P4（SP）或 P2（UP）	P5 或 P4（SP）
高精度级	P2（UP）	P4 或 P2（UP）

2. 主轴滚动轴承选配

为了提高主轴组件的旋转精度，除应选用较高精度的轴承，提高主轴轴颈和支承座孔的制造精度，合理选择轴承配合之外，还可采用轴承选配方法。

主轴和轴承都存在制造误差，会影响主轴组件的旋转精度。在主轴组件设计时，应考虑装配过程中使二者的误差影响相互抵消一部分，则可进一步提高其旋转精度。

滚动轴承内圈、外圈及滚动体的误差都会影响其旋转精度。由于内圈随主轴旋转，它的径向圆跳动影响最大，现仅研究轴承内圈和主轴轴颈的径向圆跳动对主轴组件旋转精度的影响及选配方法。

（1）前轴承选配。如图 2-59 所示，主轴上安装刀具或工件的部位（图示为轴端锥孔）的轴心为 O，主轴前轴颈的轴心为 O_1，因制造误差所造成的偏心量为 δ_{A1}（即径向圆跳动量之半）。轴承内圈滚道（轴心为 O_2）相对于内圈孔（轴心为 O_1）的偏心量为 δ_{A2}。则主轴在前支承的实际旋转轴心为 O_2。

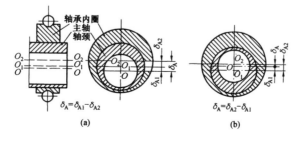

图 2-59 主轴轴颈和轴承内圈的高点位置

若按图2-59（a）方式装配，主轴轴颈和轴承内圈的最大跳动点（即高点）都在轴心的同一个方向上，即高点同向，则主轴轴心 O 与其旋转轴心 O_2 的偏心量为 δ_A，即 $\delta_A = \delta_{A1} - \delta_{A2}$。若按图2-59（b）方式装配，主轴轴颈和轴承内圈的高点异向，则偏心量 $\delta_A = \delta_{A2} - \delta_{A1}$；若使 $\delta_{A1} \approx \delta_{A2}$，偏心量 δ_A 可接近于零，因此，主轴组件的旋转精度能得以显著提高。

（2）后轴承选配。对主轴组件前轴承选配之后再对后轴承选配，还可进一步提高主轴组件的旋转精度。如图2-60（a）所示，SA，Sb 分别为主轴前、后支承处的偏心量，若最大跳动点位于同一轴向平面内，且在轴线的异侧时，轴端的偏心量 δ 为：

$$\delta = \left(1 + \frac{a}{L}\right)\delta_A + \frac{a}{L}\delta_B$$

可见，$\delta > \delta_A$，轴端径向圆跳动增大。

如图2-60（b）所示，主轴前、后支承处的最大跳动点位于同一轴向平面内，且在轴线的同侧时，轴端的偏心量 δ 为：

$$\delta = \left(1 + \frac{a}{L}\right)\delta_A - \frac{a}{L}\delta_B$$

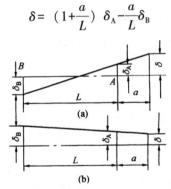

图 2-60　主轴前后支承处最大跳动点不同位置的影响

可见，当 $\delta_B > \delta_A$ 时，轴端径跳 δ 减小，甚至可接近于零。因此，后轴承的精度比前轴承低一级，不只因为它的影响程度较小，而且通过选配法还有利于提高主轴组件的旋转精度。主轴是采用同一个基准精磨各个轴颈，前、后轴颈对主轴轴心径跳点往往在同一方向，只要把后轴承如同前轴承那样选配（高点异向），通常可得到图2-60（b）所示的情况。

（五）主轴滚动轴承的配合

轴承配合的松紧程度对主轴组件工作性能有一定影响。轴承内圈与轴颈，外圈与支座孔的配合应适宜。配合紧些，可提高轴承与轴颈、座孔的接触刚度，并有利于提高主轴组件的旋转精度和抗振性。但过紧会改变轴承的正常间隙，降低旋转精度，增加发热以及缩短寿命；配合过松也会影响主轴的旋转精度、刚度及寿命。对轻载、精密机床，为避免座孔形状误差的影响，常采用间隙配合，且与轴颈配合的过盈量也较小。通常，主轴滚动轴承外圈与座孔的配合要比内圈与轴颈的配合稍松些。

轴承的配合件精度能够直接影响主轴组件的旋转精度。通常采用过渡配合时，轴颈和座孔的形状误差将影响滚道的形状精度。主轴轴肩及座孔挡肩的端面圆跳动也会影响轴承的旋转精度等。因此，主轴组件选用较高精度的滚动轴承时，还必须相应提高轴颈和座孔的尺寸精度和形位精度。此外，还应注意轴承定位与调整元件的精度。

（六）主轴滚动轴承间隙调整

主轴滚动轴承的间隙量大小对主轴组件工作性能及轴承寿命有重要影响。轴承在较大间隙下工作时，会造成主轴位置（径向或轴向）的偏移而直接影响加工精度。同时，由于轴承的承载区域较小，载荷集中作用于受力方向的一个或几个滚动体上，造成较大的应力集中，使轴承发热和磨损加剧而寿命降低，主轴组件的刚度和抗振性也大为削弱。当轴承调整为零间隙时，滚动体受力均匀，主轴旋转精度得到提高。当轴承调整为适当的负间隙时，滚动体产生弹性变形，与滚道的接触面积加大，则主轴组件的旋转精度、刚度和抗振性都得到显著提高。轴承预紧就是采用预加载荷的方法消除轴承间隙，使其产生一定的过盈量。

主轴滚动轴承的最佳间隙量应根据机床的工作条件和轴承类型通过试验加以确定。高速轻载或精密机床，可为零间隙或较小负间隙；中低速、载荷较大或一般精度机床，可使负间隙稍大。此外，球轴承和精度较高轴承所允许的预加载荷可以大些。轴承预紧可分为径向预紧和轴向预紧两种方式。

1. 径向预紧方式

径向预紧是利用轴承内圈膨胀，以消除径向间隙的方法。图 2-55 所示前支承的 NN3000K 型轴承，拧动轴承内侧的调整螺母推动内圈，使之与轴颈间产生相对轴向位移，即可达到预紧目的。

2. 轴向预紧方式

这类轴承是通过轴承内、外圈之间的相对轴向位移进行预紧的。

图 2-61 所示为角接触球轴承的几种预紧控制方式。

（1）修磨轴承圈。图 2-61（a）是通过将内圈（背靠背组配）或外圈（面对面组配）相靠的端面各磨去一定量 a，安装时把它们压紧以实现预紧。需要修磨轴承，工艺较复杂，使用中不能调整。

（2）内外隔套。图 2-61（b）是在两个轴承的内、外圈之间，分别安装两个厚度差为 $2a$ 的内、外隔套。隔套加工精度容易保证，使用效果较好，但使用中不能调整。

（3）无控制装置。图 2-61（c）中两个内圈的位移量靠操作者经验控制，可在使用中调整，但难于准确掌握。

（4）弹簧预紧。图 2-61（d）是靠数个均布弹簧可控制预加载荷基本不变，轴承磨损后能自动补偿间隙，效果较好。

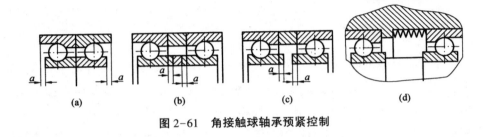

图 2-61　角接触球轴承预紧控制

（七）主轴滚动轴承的润滑

滚动轴承的润滑可在摩擦面间形成起隔离作用的润滑油膜，减小摩擦，防止锈蚀，冷却降温，降低噪声，增加阻尼及提高抗振性等。所以良好的润滑是提高主轴组件工作性能、提高精度保持性的重要措施。

1. 脂润滑

润滑脂是基油、稠化剂或添加剂在高温下混合成的脂状润滑剂。其特点是黏附力强，密封简单；不需经常添加和更换，维护方便；普通润滑脂摩擦阻力比润滑油略大，但高级润滑脂（如锂基润滑脂）摩擦阻力比润滑油略小。一般润滑脂适用于轴承的速度、温度较低且不需要冷却的场合。对于立式主轴以及装于套筒内的主轴轴承（如钻床、坐标镗床、立铣、龙门铣床、内圆磨床等）宜用脂润滑。数控加工中心主轴轴承也常用高级润滑脂润滑。为避免因搅拌发热而融化、变质失去润滑作用，通常油脂充填量约占轴承空间的 1/3。

2. 油润滑

油润滑适用于速度、温度较高的轴承，由于黏度低、摩擦系数小，润滑及冷却效果都较好适量的润滑油可使润滑充分，同时搅油发热小，使得轴承的温升及功率损耗都较低。据瑞典 SKF 公司测定，主轴前支承采用 NN3015K 型和 234415B 型轴承匹配使用时，供油量每分钟 1～5 滴为宜。主轴滚动轴承常用的润滑方式与轴承的转速、负荷、容许温升及轴承类型有关，一般可按轴承的 dn（d 为滚动轴承内径，n 为轴承转速）值选择。

（1）滴油润滑。一般通过针阀式轴承注油杯向轴承间断滴油。润滑简单方便，搅油发热较小。用于需定量供油、高速运转的小型主轴。

（2）飞溅润滑。利用浸入油池内的齿轮或甩油环的旋转使油飞溅进行润滑。其结构简单，缺点是机床启动后才能供油，油不能过滤；搅油发热及噪声较大。用于要求不高的主轴轴承。溅油元件的速度一般为 0.8～6m/s，浸油高度可为（1～3）h，h 为齿高。油面高度一般不能高于箱体外露最低位置的孔。

（3）循环润滑。出油泵供油对轴承润滑。回油经冷却、过滤后可循环使用，能够保证对轴承充分润滑，并带走部分热量，但搅油发热较大，需调节供油量。适用于高速、重载机床的主轴轴承。

（4）油雾润滑。压缩空气通过专门的雾化器，再经喷嘴将油雾喷射到轴承中，有较好的润滑和冷却效果，但需要一套专门的油雾润滑系统，造价高，故适用于高速主轴轴承。

（5）喷射润滑。在轴承周围均布几个喷油嘴，周期性地将油喷射到轴承圈与保持架的间隙中，能够冲破轴承高速旋转时所形成的"气流隔层"，把油送到工作表面上。它可准确地控制供油量，润滑效果好，但需一套专门润滑设备，成本高。适用于高速主轴轴承。

（6）油气润滑。针对高速主轴而开发的新型润滑方式。用极微量的油（8～16min 约 0.03cm³）与压缩空气混合，经喷嘴送入轴承中。与油雾润滑的区别在于，润滑油未被雾化，而是成滴状进入轴承，在轴承中容易沉积，不污染环境。由于使用大量空气冷却轴承，轴承温升更低。

对于角接触滚动轴承，由于转动离心力的甩油作用，润滑油必须从小端进油，如图 2-62 所示，否则润滑油很难进入轴承中的工作表面。

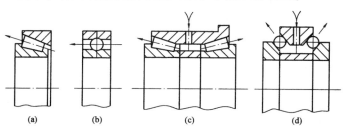

（a）　　　　　（b）　　　　　（c）　　　　　（d）

图 2-62　角接触滚动轴承进油位置

（八）主轴滚动轴承密封

轴承密封的作用是防止润滑油外流，以免增加耗油量，影响外观和污染工作环境；防止外界灰尘、金属屑末、冷却液等杂质浸入而损坏轴承及恶化工作条件。脂润滑轴承的密封作用主要是防止外界杂质侵入而引起磨损破坏作用；同时也要防止润滑油混入润滑脂，使之稀释后甩离轴承，失去润滑效果。

主轴滚动轴承密封主要分接触式和非接触式密封两类。选择密封形式应根据轴的转速、轴承润滑方式、轴承的工作温度、外界环境及轴端结构特点等因素综合考虑。接触式密封在旋转件与密封件间有摩擦，发热较大，不宜用于高速主轴。非接触式密封的发热小，密封件寿命长，能适应各种转速，因此应用广泛。如图 2-56 的间隙密封，前后支承处外流润滑油经旋转的甩油沟疏导回流，再经间隙密封，具有良好的密封效果。图 2-53 采用曲路密封，利用旋转与固定密封件间的复杂而曲折的小缝隙起到密封作用。也可采用接触式和非接触式密封联合使用的方式。为了提高密封效果，减小主轴箱内、外压力差，可在箱体高处设置通气孔。

五、主轴组件结构尺寸

滚动支承主轴组件设计的内容主要包括确定主轴组件的基本形式（包括主轴的结构形状，主轴传动件的类型及布置，轴承的类型及配置等），确定主轴组件的结构尺寸，进行必要的验算，选择轴承的精度等级及配合间隙等。主轴组件结构尺寸中起决定作用的是外径、孔径、悬伸量和支距。

（一）主轴外径 D

主轴外径的大小对主轴组件的性能有重要影响。弹性主轴端部的刚度 K 与主轴截面的惯性矩 I 成正比，故 $K \propto D^4$。增大主轴的外径 D，可使主轴组件的刚度和抗振性得到提高。对空心主轴，增大外径还能相应地增加孔径，扩大机床的使用范围。所以，现代机床主轴的外径有增大的趋势。但要注意主轴结构及轴承速度的限制。

首先确定主轴前轴颈尺寸 D_1，可参考同类型机床。对于车床、铣床等一般机床，在主轴孔径和支承跨距初定之后，可按下式粗算：

$$D_0 \geqslant \sqrt[4]{\frac{L^3}{A} + d^4}$$

式中，D_0 为支承间的主轴平均外径，单位为 mm，$D_0 = \dfrac{\sum D_i L_i}{L}$，$L$ 为支承跨距，单位为 mm；D_i、L_i 为主轴各段的直径与长度，单位为 mm；d 为主轴孔径，单位为 mm；A 为系数，$A = 1.1 \sim 3.5$，精密机床 $A = 1.1$，要求较高的机床 $A = 2.1$，一般机床 $A = 3.5$。

主轴前轴颈 $D_1 = (1.1 \sim 1.15) D_0$，并按轴承所需直径加以确定。$D_1$ 选定后，再根据结构及加工装配要求确定主轴其他部位的外径，轴径的递减应尽可能小些。

（二）主轴孔径 d

主轴孔径过小，通过的棒料或自动夹具拉杆直径受到限制，而且深孔加工也较困难。为扩大机床的使用范围，主轴孔径应适当增大。但主轴外径一定时，孔径加大会受到限制：

（1）轴壁过薄会影响主轴正常工作。

（2）主轴刚度不能削弱过大。

图 2-63 所示为主轴孔径对刚度的影响，当 $d/D_0 \leqslant 0.5$ 时，$K_d/K \geqslant 0.94$，空心主轴的刚度 K_d 降低较小（K 为实心主轴刚度）；当 $d/D_0 = 0.7$ 时，$K_d/K = 0.76$，主轴刚度降低了 24%，可取 $d/D_0 \leqslant 0.7$。通常根据使用要求先确定主轴孔径 d，然后再确定主轴外径，则 $D_0 > 1.43d$。

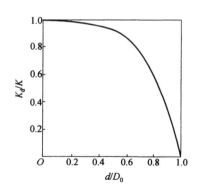

图 2-63 主轴孔径对刚度的影响

主轴孔径 d 确定后，可根据主轴的使用及加工要求选择锥孔的锥度。锥度仅用于定心时，锥度应大些；若锥孔除用于定心，还要求自锁，借以传递转矩时，锥度应小些。各类机床主轴锥孔的锥度都已标准化。

（三）主轴悬伸量 a

主轴悬伸量是指主轴前端至前支承点的距离，对主轴组件的刚度和抗振性有显著影响，应尽量减小悬伸量 a 和悬伸段质量。主轴悬伸量 a 的大小主要取决于主轴端部的结构形式及尺寸、刀具或夹具的安装方式、前支承轴承的类型及配置、润滑与密封装置的结构尺寸等。设计主轴时，在满足结构要求的前提下，应最大限度地缩短主轴悬伸量。

（四）支承跨距 L

主轴前后支承跨距（简称支距）L 对主轴组件的刚度、抗振性和旋转精度等有较大的影响，且影响效果比较复杂。

1. 支承跨距 L 对主轴组件刚度的影响

主轴端位移 y 值的大小，与主轴个体变形、轴承变形、支承座变形，以及它们之间的接触变形等有关，主要取决于主轴和轴承的变形，如图 2-64 所示。根据位移叠加原理，可得轴端总位移 y 为 $y=y_1+y_2$，y_1 为刚性轴承（假定轴承不变形）上弹性主轴的端部位移；y_2 为弹性轴承上刚性主轴（假定主轴不变形）的端部位移。

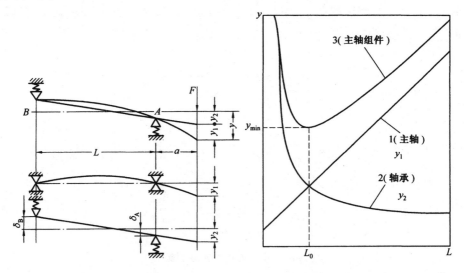

图 2-64　主轴端部位移　　　　图 2-65 主轴支距 L 与轴端位移 y 的关系

（1）位移 y_1

据材料力学知：

$$y1 = \frac{Fa^3}{3EI_a} + \frac{Fa^2L}{3EI}$$

式中，E 为弹性模量；I、Ia 为两支承间和悬伸段的主轴截面惯性矩。

y_1 与支距 L 的关系如图 2-65 直线 1。表明作用力 F 和主轴悬伸量 a 一定时弹性主轴本身的变形所引起的轴端位移 y_1，随支距 L 的加长而增加，且呈线性关系，即支距 L 越大，主轴的刚度越低。

（2）位移 y_2

在力 F 作用下，主轴前、后支承的支反力分别为 $R_A = F (1+a/L)$ 和 $R_B = Fa/L$。支反力会引起支承处轴承的变形，可近似认为线性变形。设前、后轴承的刚度为 K_A 和 K_B，则前、后轴承的变形分别为 δ_A 和 δ_B，即：

$$\delta_A = \frac{R_A}{K_A} = \frac{F}{K_A} (1+a/L), \ \delta_B = \frac{R_B}{K_B} = \frac{F}{K_B} \cdot \frac{a}{L}$$

可由几何关系得出主轴端部位移 y_2 为：

$$y_2 = \delta_A (1+a/L) + \delta_B \frac{a}{L} = \frac{F}{K_A}\left(1+\frac{a}{L}\right)^2 + \frac{F}{K_B}\left(\frac{a}{L}\right)^2$$

y_2 与支距 L 的关系如图 2-65 曲线 2，是一条双曲线。当 F、a 一定时，轴承变形所引起的刚件主轴的端部位移 y_2，随支距 L 的加大而减小。

（3）主轴端总位移为

$$y = y_1 + y_2 = F\left[\frac{a^3}{3EI_a} + \frac{a^2L}{3EI} + \frac{1}{K_A}\left(1+\frac{a}{L}\right)^2 + \frac{1}{K_B}\left(\frac{a}{L}\right)^2\right]$$

y 和支距 L 的关系如图 2-65 曲线 3。可见存在一个最佳支距 L_0，可根据上式求出。当支距为 L_0 时，轴端位移 y 最小，主轴组件的刚度最大。当主轴支距 $L < L_0$ 时，应设法提高轴承刚度；当 $L > L_0$ 时，应设法提高主轴刚度。

2. 支距 L 对主轴组件抗振性、旋转精度的影响

对于普通精度机床两支承主轴，支距可按刚度的最佳支距 L_0 选取，其主轴组件的刚度和共振频率最高，共振幅值小。对于精密机床，支距可选较大数值，使其主轴组件具有较高的旋转精度，较小的共振幅值，并可提高工作平稳性。一般应使 $L > 2.5D_1$（D_1 为主轴前轴颈），精密卧式车床可取 $L = (5\sim6.5) D_1$。

六、主轴滑动轴承

机床主轴组件采用的滑动轴承，按流体介质不同可分为液体滑动轴承和气体

滑动轴承。液体滑动轴承按其油膜的形成方式，又可分为液体动压滑动轴承和液体静压滑动轴承。滑动轴承具有良好的抗振性，运动平稳、旋转精度高，承载能力和刚度高，精度保持性好，因此在高速、精密及高精度机床和大型数控机床中得到了广泛应用。

（一）液体动压滑动轴承

液体动压滑动轴承的工作原理是：主轴旋转时，带动润滑油从间隙大口向小口流动，形成压力油楔将轴浮起，产生压力油膜以承受载荷。承载能力与滑动表面的线速度成正比，低速时其承载能力低，难于保证液体润滑。主轴动压轴承的轴承间隙对旋转精度和油膜刚度影响很大，所以必须能够调整。主轴动压轴承除采用单油楔轴承，还广泛采用多油楔动压滑动轴承，使之产生的几个油楔可将轴颈同时推向中央，工作中运转稳定。

1. 固定多油楔轴承

这种轴承工作时的尺寸精度、接触状况和油楔参数等均稳定，拆装后变化也很小，维修较方便，但加工较困难。图 2-66（a）为某高精度外圆磨床砂轮架主轴组件。主轴前端支承是固定多油楔动压滑动轴承 1，后端是圆锥孔双列圆柱滚子轴承 6。

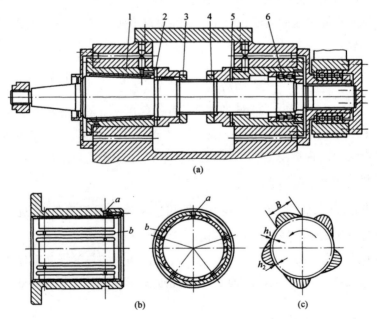

图 2-66　采用固定多油楔轴承的主轴组件
1—轴瓦；2，5—止推环；3—转动螺母；4—螺母；6—圆柱滚子轴承

固定多油楔轴承的形状如图 2-66（b）所示，外表面是圆柱形，内表面为 1∶20 的锥孔，与主轴轴颈相配合。轴瓦基体为 15 号钢，内壁浇铸镍铬青铜，在圆周上铲削出 5 个等分的阿基米德螺旋线油囊（油楔槽），深 0.1～0.15mm。低压油从 5 个进油孔 a 分别进入油囊后，主轴如图 2-66（c）所示单向旋转，可把油从间隙大口带向间隙小口，并从回油槽 b 流出，形成 5 个压力油楔。使用低压油可避免主轴在启动或停止时出现干摩擦现象。

主轴轴承的径向间隙用止推环 2 右侧面的调整螺母 3 来调整，螺母 4 用以调整推力轴承的轴向间隙。主轴的轴向定位是由前后两个止推环 2 和 5 控制，其端面上也有油楔以形成推力轴承。

2. 活动多油楔轴承

活动多油楔轴承由 3 块或 5 块轴瓦组成。图 2-67（a）为三瓦式活动多油楔滑动轴承。三瓦各有一球头螺钉支承，可稍微摆动以适应转速或载荷的变化。当轴颈转动时，将油从每个轴瓦与轴颈之间的间隙大口带向小口，如图 2-67（b）所示形成 3 个压力油楔，所以又称活动三油楔动压滑动轴承。选择轴瓦支承点的最佳位置，可使轴承油膜的压力增高，压力分布合理及承载能力加大。可取轴瓦到间隙出口的距离 b_0 等于瓦块宽度 B 的 0.4 倍，即 $b_0 \approx 0.41B$。该支承点就是间隙比为最佳值（2-2）时的油楔压力中心。

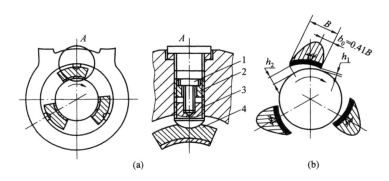

(a)　　　　　　　　　　　　(b)

图 2-67　三瓦式活动多油楔轴承

1—螺钉；2—螺母；3—球头；4—轴瓦

一旦间隙比不是最佳值时，则压力中心就会变化，轴瓦便会绕该点摆动，直到间隙比恢复到最佳值，又处于新的平衡状态。因此能自动地保持最佳间隙比。这种轴承只能朝一个方向旋转，否则不能形成压力油楔。

这种轴承的优点是旋转精度高，抗振性好和运转平稳，结构简单，制造维修方便。缺点是轴瓦靠螺钉的球形头支承，其刚度比固定多油楔轴承低，多用于各种外圆磨床和平面磨床。

（二）液体静压滑动轴承

液体静压轴承系统是由一套专用供油系统、节流器和轴承 3 部分组成。供油系统把压力油输进轴和轴承间隙中，利用轴承各个油腔中的静压力和节流器的调压作用，形成油膜，从而把轴颈推向中央。轴承油膜压强与主轴转速无关，承载能力不随转速变化而变化。其主要特点是承载能力高，旋转精度高，抗振性好，运转平稳，轴承寿命长并适合不同转速条件下工作。缺点是需要一套专门供油设备，制造工艺复杂，成本较高。

图 2-68 所示是静压轴承工作原理图。在轴承的内圆柱面上，开有 4 个对称的油腔，油腔之间由轴向回油槽隔开，油腔与回油槽之间是封油面。来自油泵的压力油，经过具有液阻的各个节流器 T_1—T_4，分别流进轴承的 4 个油腔内，将轴颈推向中央，然后再流经轴颈与轴承封油面之间的微小间隙，由油槽集中起来流回油箱。各油腔封油面与轴颈的间隙和间隙液阻都相等，即 $h_1 = h_2 = h_2 = h_3 = h_4$，$R_{h1} = R_{h2} = R_{h3} = R_{h4}$，各油腔的油压也相等，$p_1 = p_2 = p_3 = p_4$。

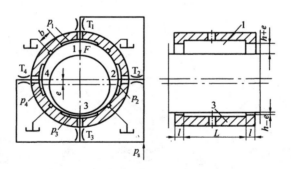

图 2-68　静压轴承工作原理图

当主轴受径向载荷 F 作用后，轴颈在载荷方向上偏移一微小距离 e，则油腔 3 的间隙减小为 $h_3 = h - e$，液阻 R_{h3} 增大；而油腔 1 的间隙增大为 $h + e$，液阻 R_{h1} 减小。此时油腔 3 中的油压 p_3 升高，油腔 1 中的油压 p_1 下降，产生一个与载荷方向相反的压力差 $\triangle p = p_3 - p_1$，将主轴推向中心以平衡外载荷 F。静压轴承的节流器对轴承的承载能力和刚度有着重要影响。一般可分为固定节流器和可变节流器两大类。固定节流器有小孔节流器和毛细管节流器。可变节流器主要有双向薄膜节流器和滑阀反馈节流器，可根据机床工作条件选用。

七、主轴电磁轴承

电磁轴承也称主动磁轴承，由机械、电气和软件 3 部分组成。图 2-69 所示为电磁轴承系统示意图。传感器将检测的转子偏离位移，通过反馈支路、控制器变换成控制电流，在电磁铁中产生磁力使转子维持其悬浮位置不变。

主轴磁轴承的主要特点是无接触、无润滑，维护费用低且工作寿命长；轴颈可取得较大，使刚度提高且对振动不敏感；允许转子高速旋转；功耗低，仅是传统轴承功耗的 1/5～1/20，且能在超低温或高温下正常工作。装有电磁轴承的主轴控制，其缺点是价格高、结构复杂。图 2-70 所示为采用电磁轴承（径向轴承 a 和 b 及右端一个推力轴承）的支承系统结构简图。主轴可在高转速条件下保持高精度；也可适用于真空及超净技术要求。不会污染环境；可获得预期的动态特性。

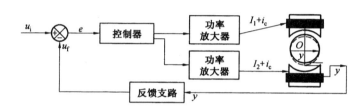

图 2-69　电磁轴承系统示意图

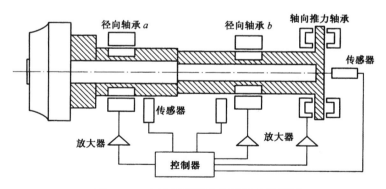

图 2-70　电磁轴承德支承系统结构简图

第三章　钣金件成形与结构件连接工艺

第一节　钢材的矫形工艺技术

钢材和制件因受外力或加热等因素的影响，会产生各种变形，如弯曲、扭曲和局部变形等，这将直接影响产品的质量。因此，必须对变形的钢材或制件进行矫形。

一、矫形原理

（一）变形原因

（1）钢材残余应力引起的变形。钢材在轧制过程中，可能产生残余应力而使钢材变形。例如：轧制钢板时，由于轧辊调节机构失灵等原因，造成轧辊的间隙不一致，使钢材沿轧制方向的延伸不一致，间隙小的部分，钢材的延伸大；间隙大的部分，钢材的延伸小，因此，延伸较大的部分受到延伸较小部分的阻碍而产生压缩应力，延伸较小的部分则产生拉应力，当钢材的冷却速度较快或因为其他原因，使这部分应力残留在钢中，形成残余应力。当钢材受热或其他因素的影响时，其残余应力部分释放，钢材便产生了变形。

（2）钢材在加工过程中引起的变形。钢材在加工过程中，由于外力或不均匀加热，都可能造成钢材的变形。例如钢板经剪切、气割或焊接，由于受力、不均匀加热和冷却，都会引起钢材的变形。

（3）钢材因运输、存放不当引起的变形。冷作、钣金使用的原材料均是较长、较大的钢板和型钢，如果吊装、运输和存放不当，钢材就会因自重而产生弯曲、扭曲和局部变形。

综上所述，造成钢材变形的原因是多方面的，如果钢材的变形量超过允许偏差，就必须进行矫正。

（二）矫正原理

假设钢材在厚度方向是由多层纤维组成的，钢材平直时，各层纤维长度是相等的，钢材弯曲时，各层的纤维长度是不相等的。如图 3-1（a）所示，钢材平直时，*ab* 和 *cd* 的长度相等；钢材弯曲时，*a'b'* 的长度较短，*c'd'* 的长度较长，如图 3-1（b）所示。矫正就是通过外力或加热，使钢材较短的纤维伸长，或使较长的纤维缩短，最后各部分的纤维长度趋于一致，从而消除钢材或制件的弯曲、扭曲和凹凸不平等变形。

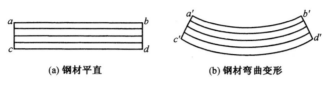

(a) 钢材平直　　　　　**(b) 钢材弯曲变形**

图 3-1　钢材平直和弯曲变形时纤维长度比较

二、矫正方法

（一）手工矫正

手工矫正是采用手工工具，对变形钢材施加外力，达到矫正变形的方法。手工矫正一般用于小型构件、原材料和局部变形的矫正。矫正时，根据钢材的刚性大小和变形情况不同，有反向变形法和锤展伸长法。

（1）反向变形法。反向变形法是对刚性较好的钢材，采用与原变形方向相反的变形进行矫正。其方法有反向弯曲矫正法和反向扭曲矫正法。

①反向弯曲矫正法。对于刚性较好材料的弯曲变形件，可对其弯曲部分进行反向弯曲，以消除变形，达到矫正目的。如厚板的弯曲变形，矫正时，一般将弯曲凸面向上置于平台上，直接锤击凸起部分，使其产生反向弯曲，从而消除原先的变形，见表 3-1。

由于钢板在塑性变形的同时，还存在着弹性变形，当外力消除后，会产生回弹，因此，为获得较好的矫正效果，反向弯曲时应适当过量。角钢、圆钢等材料弯曲变形及局部弯曲变形，均可采用反向弯曲法进行矫正，其应用实例见表3-1。

②反向扭曲矫正法。当钢材产生扭曲变形时，可对扭曲部分施加反向扭矩，使其产生反向扭曲，以消除原变形。例如矫正扁钢扭曲变形时，可用台虎钳和扳手夹持扁钢的两端进行反向扭转，在反力矩的作用下，扁钢产生反向扭曲，消除原先的变形。此外，也可将扭曲的扁钢斜置于平台边上，用锤锤击翘起部分，施加反向扭矩，消除扁钢的扭曲变形。反向扭曲矫正法的应用实例见表 3-2。

表 3-1　反向弯曲矫正的应用实例

名称		变形图示	矫形图示	名称		变形图示	矫形图示
钢板	整体弯曲			角钢	外弯		
	局部弯曲				内弯		
圆钢	弯曲			槽钢	局部弯曲		

表 3-2　锤展伸长法矫正的应用实例

名称	变形图示	矫形图示
角钢		
扁钢		
槽钢		

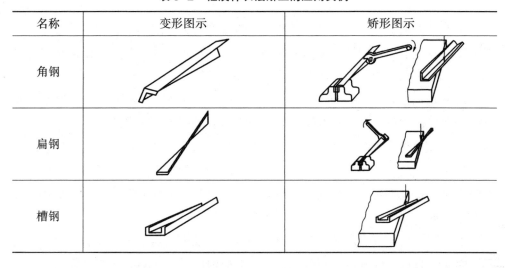

（2）锤展伸长法。对于变性较小或刚性较差钢材或制件的变形，可锤击纤维较短处使其伸长，与较长纤维趋于一致，从而达到矫正目的。如薄板中间凸起变形，矫正时，应锤击凸起部分的四周，使纤维伸长，则中间的凸起部分就会逐步消除。如果矫正时，直接锤击凸起部分，由于薄板的刚性差，锤击时凸起部分被压下，在压应力的作用下，凸起部分的纤维进一步伸长，其结果适得其反，凸起现象将更严重。因此，对刚性较差的材料的变形，应采用锤展伸长法进行矫正。锤展伸长法矫正的应用见表 3-3。

表 3-3　锤展伸长法矫正的应用实例

名称	变形图示	矫形图示	名称		变形图示	矫形图示
薄钢板	中凸变性			扁钢或窄钢板	弯曲变形	
	波浪变形				薄板折角件 弯曲变形	

当工件出现既有弯曲又有扭曲等较复杂变形时，矫正的步骤一般为先矫正扭曲，后矫正弯曲。对于强度较高的钢材或变形较严重的工件，为降低其强度，提高塑性，减小变形抗力，可将钢材加热至高温，然后再进行矫正，以提高矫正效率，钢材的加热温度一般取 750～1000℃ 为宜，加热温度不应过高，否则会使钢材过热，造成力学性能下降。

手工矫正一般是在常温下进行的，由于塑性变形，钢材会发生硬度升高、塑性下降的冷硬现象，这给继续变形带来困难，因此在矫正中应尽可能减少不必要的锤击和变形，防止钢材硬化。如果被矫正钢材表面不允许有损伤，矫正时应衬钢板或用型锤作为衬垫，防止锤直接与钢材接触，造成表面损伤。

(二) 火焰矫正

火焰矫正是采用火焰对钢材变形部位进行局部加热的矫正方法。它是利用钢材的热胀冷缩特性，在纤维较长的部位进行局部加热，使加热部分的纤维在四周较低温度部分的阻碍下，膨胀受阻，产生压缩塑性变形，冷却后纤维缩短，使纤维长度趋于一致，从而矫正了变形。火焰矫正一般用于淬硬倾向小、塑性较好材料的矫正，或结构刚性较大的局部和整体变形的矫正。

火焰矫正时，根据不同的变形情况和结构，采用的加热方式是不同的，常用的加热方式有：点状加热、线状加热和三角形加热。

(1) 点状加热。点状加热的加热区域为一定直径的圆，其直径大小根据变形程度和工件的厚度而定。点状加热冷却后，能使钢材产生较均匀的径向收缩，其收缩量较小，因此点状加热常用于矫正变形较小的工件或要求径向均匀收缩的变形工件，如钢板局部的凹凸变形，可采用点状加热矫正。一般，厚板加热点的直径应适当大些，薄板要小些，但加热点直径应不小于 15mm。当变形区较大时，可采取多点加热，如图3-2（a）所示。钢管较小的弯曲变形也可采用点状加热矫正，如图3-2（b）所示。

（2）线状加热。线状加热的加热区域为一定宽度的带状区域，其宽度根据变形程度和工件的厚度而定。线状加热冷却后，其横向收缩量大于纵向收缩，横向的收缩量随加热宽度增加而增加，加热宽度一般为钢材厚度的0.5～2倍。加热深度在板厚方向应不超过板厚的1/3～1/2，否则其在厚度方向上将产生不均匀收缩，会降低矫正效果。线状加热常用于变形区域较大的工件的矫正。图3-3所示为钢板弯曲或局部弯曲线状加热矫正示意图，矫正时可在弯曲部分的外侧用线状加热，加热的火焰功率应较大，速度应快，使加热深度不超过板厚的1/3～1/2，以提高矫正效果。若加热线较多，其加热的起点与终点应相互交叉，即加热方向相反，以保证在整个宽度方向收缩均匀。

（a）钢板矫形　　　（b）钢管矫形

图3-2　点状加热矫形钢板和钢管

图3-3　线状加热矫形钢板弯曲变形

（3）三角形加热。三角形加热的加热区域为一定大小的三角形，其大小根据变形程度和工件大小而定。由于三角形加热的加热宽度不相等，且面积较大，所以能产生较大的不均匀收缩，因而常用于变形较大，或刚性较大工件的矫正。图3-4所示为T形梁、槽形工件和钢管等弯曲件，由于其刚度较大，火焰矫正均可采用三角形加热。矫正时在弯曲部分的外侧加热，加热的宽度由变形程度而定，变形越大，加热的宽度应越宽，反之，加热的宽度可取小些；加热高度为板宽或直径的1/3～1/2。两个加热区域间隔50～100mm。如果经一次加热矫正后仍未平直，可重复进行第二次加热矫正，但加热位置应和第一次错开。

火焰矫正的加热温度一般取600～800℃。火焰矫正时，为提高矫正效果，可采用浇水冷却，以加快加热区的收缩，但对具有淬硬倾向的钢材，不能采用水冷却，否则钢材会淬硬，影响其力学性能和使用性能。

（a)T形梁矫形　　　（b）槽形工件矫形　　　（c）钢管矫形

图3-4　三角形加热矫形T形梁、槽形工件和钢管

（三）机械矫正

机械矫正是用通用或专用设备，对变形钢材施加外力，使其纤维长度趋于一致，从而消除钢材变形的方法。机械矫正效率高，劳动强度低，矫正质量好。矫正设备有专用设备和通用设备两种。专用设备有钢板矫正机，圆钢、钢管矫正和型钢矫正机等；通用设备是指一般的压力机。采用卷板机也可矫正弯曲变形的钢板。

（1）钢板矫正机。钢板矫正机由上下两排交错分布的辊轴组成。矫正时，钢板通过一系列辊轴，在辊轴的作用下，钢板发生反复弯曲，使较短的纤维拉长而趋于平整。图 3-5 所示为钢板矫正机工作示意图。一般下排辊轴是主动辊轴，由电动机带动旋转；上排辊轴是被动辊轴，能做上下调节，以适应矫正不同厚度的钢板。上排辊轴两端是导向辊，能单独上下调节，以引导板料出、入矫正机。

钢板矫正机有多种形式，根据辊轴的排列情况，有上、下排辊轴平行排列的，上排辊轴倾斜排列的和成对导向辊矫正机等多种。根据辊轴的多少，有 5、7、9、……、21 辊等多种，辊轴的数目越多，矫正的效果越好。

矫正时先将钢板吊运至矫正机平台上，调整上辊轴下压，使上、下辊的间隙略小于钢板厚度，然后让钢板进入矫正机进行矫正。矫正时，让钢板反复来回滚动，并由小到大逐步调整下压量，使钢板弯曲所产生的应力超过材料的屈服极限，直到矫正的钢板达到预定的平直度要求。

薄钢板的刚性较差，其矫正效果比厚钢板差，这时可以加一块较厚钢板作为衬垫一起矫正，也可将数块薄钢板叠在一起矫正，以提高矫正效率。

小块的板材也可以在矫正机上矫正，只要将相同厚度的小块板材放在一块较大的衬垫钢板上，如图 3-6 所示，然后一起进入矫正机进行矫正。

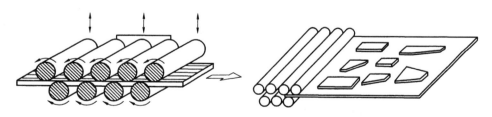

图 3-5　钢板矫正机工作示意图　　　图 3-6　矫正机矫正小块钢板

（2）多辊型钢矫正机。多辊型钢矫正机的矫正原理与钢板矫正机相同，让型钢通过一系列辊轮，型钢在辊轮之间反复弯曲，将较短的纤维拉长，从而消除型钢原先的变形。图 3-7（a）所示为型钢矫正机工作原理示意图。矫正机辊轮分上下两排交错排列，下辊是主动轮，由电动机经变速后带动，上辊轮为被动轮，能通过调节机构做上下调节，产生不同的压力。不同型钢截面不同，可选用相应的辊轮，如图 3-7（b）所示。

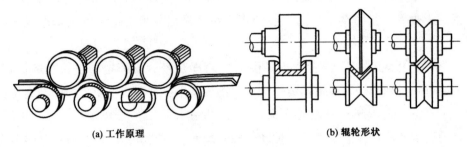

(a) 工作原理　　　　　　　　　　　　　　　(b) 辊轮形状

图 3-7　型钢矫正机工作原理示意图

型钢矫正机不但能矫直型钢，还能矫正型钢断面的变形。其矫正过程与钢板矫正机相似，让变形的型钢在矫正机中往复滚压多次，并逐步调整辊轮加压，直至达到矫正目的。

（3）压力机矫正。在缺乏专用矫正设备的情况下，钢板和型钢也可以在通用压力机（油压机、水压机等）上进行矫正。

钢板矫正时，先以目视或用直尺对钢板进行测定，了解其变形情况，并找出弯曲部分最高点，将凸起朝上，用两块同等厚度的钢板间隔一定距离垫在钢板较低处，如图 3-8（a）所示，两垫板间距随钢板弯曲情况而定，在凸起处可加一方钢，使压力机加压时受力均匀。由于钢板弯曲变形时总有一定的弹性变形，因而矫正时，应适当过弯一些，以补偿外力释放后钢板的回弹。矫正扭曲的方法如图 3-8（b）所示。

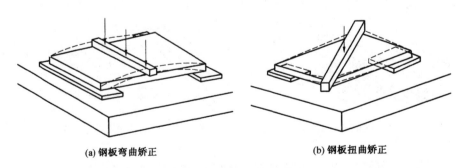

(a) 钢板弯曲矫正　　　　　　　　　　　　　(b) 钢板扭曲矫正

图 3-8　压力机矫正钢板

若钢板既有扭曲又有弯曲变形，应矫正扭曲后再矫正弯曲。

型钢变形也可用通用压力机矫正，如槽钢弯曲矫正（图3-9），让凸起部分向上，在较低处用同等厚度的钢板垫起，在加压部位加衬铁，以防槽钢侧板局部变形，衬铁的形状和尺寸由槽钢大小而定。

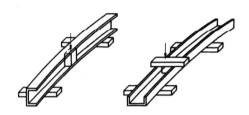

图3-9　压力机矫正槽钢

（四）其他矫正方法

（1）高频热点矫正。高频热点矫正是钢结构矫正的一种新工艺，用其矫正任何钢材的多种变形，尤其对一些尺寸大、变形复杂的矫正件更有显著的效果。高频热点矫正是在火焰矫正基础上发展起来的，因此矫正原理、加热位置等也与火焰矫正相同，其不同点是高频热点矫正的热源是利用高频感应产生的，能源来自交流电。当交流电通入高频感应圈即产生交变磁场并由交变磁场作用，使高频感应圈靠近钢材时使钢材内部产生感应电流，由于钢的电阻热效应而使钢的温度一般在4~5s上升到800℃左右。因此高频热点矫正具有效果显著、生产率高、操作简单、无污染等优点。但由于高频热点矫正电线要经常移动，在操作时要注意保护电线、电器设备等，以加强电器安全防范。

（2）热矫正。对变形较大的矫正件加热到一定的高温状态下，利用加热后钢的强度降低、塑性提高性质来矫正，这种矫正方法称加热矫正，简称热矫正。在热矫正时，要注意加热温度及时间，加热温度一般掌握在800~900℃之间，加热时间不宜过长，要防止钢材在加热过程中可能产生氧化、脱碳、过热、裂纹等现象。由于矫正件加热区域不同，热矫正分为全部加热矫正和局部加热矫正。全部加热矫正就是对矫正件全部加热后矫正。一般利用地炉、箱式加热炉、壁炉等加热设备，对于小型矫正件也有用焊炬进行加热的。局部加热矫正就是对变形的矫正件局部区域进行加热后矫正。热矫正一般适用于变形严重，冷矫正时可能会产生折断或裂纹，变形量大而设备能力不足，材料塑性差、材质脆或采用其他方法克服不了构件的刚性，无法超过材料屈服强度等矫正件。

（3）喷砂矫正。喷砂矫正是利用铁丸、砂粒对钢材的巨大冲击力进行矫正。其适用于平整度要求不高的薄板结构件、薄板铸件或细长件等。内凹薄板件可用砂粒直接打在凹处反面使其逐渐外凸。直径或厚度小于 6mm 的淬火、回火高硬度件矫正，可用喷砂冲击凸出部位。为避免喷伤矫正件表面可选用 16mm 喷嘴，喷砂气压为 0.3～0.4MPa，用粒度为 4～5 号石英砂粒，并使砂粒喷射方向与矫正件凸面垂直，为增大喷力，喷嘴与矫正件距离以 120～150mm 为宜。

（4）热处理件矫正。热处理件在产生应力（热应力、组织应力以及组织不均匀而引起应力）后，当应力超过钢的屈服强度时会产生几何形状变形。矫正热处理件变形一般可用冷矫正、热点矫正和热矫正等方法。

冷矫正是指在常温下对变形件的一定部位施加某种形式的外力作用，使其变形得到矫正。其常用工艺方法有：冷压法、冷态正击法和冷态反击法。一般可矫正硬度 HRC≤50 的碳钢及合金钢等。冷压法就是对变形件凸出的最高点施加压力，使凹面在拉应力作用下产生塑性变形（被拉长）从而使变形件得到矫正。此法适用于硬度 HRC≤（35～40）的碳钢及合金钢。正击法实质同冷压法，所不同的是冷压法用压力来矫正，正击法所使用的工具是锤，利用锤击力来矫正变形。反击法用锤击变形件凹处，利用锤击凹处从而使钢材产生小面积塑性变形（扩展延伸），达到使凹处趋于平直的目的。

热点矫正可用火焰矫正及高频热点矫正。

热矫正是利用钢在一定高温下塑性变形能力较常温时为佳的特点，对于淬火、回火件其加热温度一般不应高于回火温度。对于淬火件，例如高铬钢、高速钢在淬火过程中当冷却到 MS（马氏体生成开始温度）附近，奥氏体尚未完全发生马氏体转变时具有较好的塑性，趁热进行矫正。

（5）焊后矫正。焊接因对钢材进行局部不均匀的加热，而导致焊接应力的产生，发生焊接变形。焊接件种类很多，下面仅举几例钢结构中常见的焊接件变形后的矫正方法。

①T 型梁、H 型梁角变形矫正。机械矫正法可通过模具进行，模具一般根据梁大小规格制作，长度应根据压力机压力等因素定在 1～3m。上模可用方钢或狭长厚钢板代替，下模由上下两块钢板、中间加撑板成对制成。下模应选择比被矫钢板厚，并考虑矫正时的回弹力，撑板上端面应向内略成一角度。下模下底板与压力机底座一般用螺栓连接。矫正梁一般较长，可分段进行压力矫正。

②箱型梁扭曲变形矫正。箱型梁焊接件刚性大，当发生扭曲时矫正工作量很大，因此在装配焊接时应制定合理工艺要求，特别要规定焊接顺序以防扭曲。箱

型梁扭曲矫正方法有几种,利用压力机、行车进行局部热矫正并辅以火焰矫正是其中的一种。采用此种方法进行矫正,在压力机外配制一平台,使箱型梁放置后与压力机底座成水平,一端用压板压紧下部,另一端用压力机活动横梁压紧。在扭曲反方向用钢丝绳穿上葫芦拉紧,如行车起重量不够可用滑轮组。矫正时在箱型梁中部进行局部加热,如焊炬热量不够,可同时利用木炭、木材加热,待将要加热到樱红色时,在两端腹板处同时进行火焰矫正,其加热线根据扭曲程度须倾斜,与此同时利用行车逐渐收紧钢丝绳,使梁向反方向扭转。

③筒体对接后矫正。筒体轧圆后应用样板检查,待矫圆后才允许焊接。筒体对接焊后会发生变形,如圆弧小于样板或圆弧大于样板可采用火焰矫正——分别在外或内加热,有时还可以辅以手工矫正——锤击加热处。封闭筒体者、筒径较小者或搅拌筒发生局部凹陷时,如只能在筒体外部矫正,可用局部加热法进行矫正,矫正前先将螺栓焊在凹处,放上垫板、压板,旋紧螺母,然后在凹处四周用火焰加热,加热同时逐渐旋紧螺母,把凹处拉出来。矫平后拆除螺栓平整焊疤。

第二节 金属热成形工艺技术

金属热成形是通过热加工工艺由合金材料制造机械零件或其毛坯的过程。它包括铸造、锻造及粉末冶金等方面技术,综合应用了材料、冶金、机电、力学、计算机等多学科多门类工程技术。金属热成形工艺是航天产品的主要制造工艺之一,对航天技术的发展起着重要作用。它是许多航天新产品研制和生产的关键技术,其技术水平和工艺质量直接关系到航天产品的先进性和可靠性。航天产品的舱体、弹翼与尾翼、发动机壳体与涡轮转子、雷达基座等关键零部件均采用金属热成形技术。新一代高精尖航天产品需要达到射程远、射速快、精度高、质量轻的预期目标,并能承受各种恶劣环境的考验,其技术指标已大大超出了以往型号,接近或达到世界同类产品的水平,同时还必须做到生产周期短、生产成本低、质量综合性能好。为此逐步扩大采用精密铸件、精密锻件、粉末冶金件,更多地替代机械加工零件,已成为航天产品研制和批量生产的一种趋势。

一、铸造技术

(一)砂型铸造

砂型铸造是将液态合金注入预先用砂和黏结剂制备的铸型中,使之冷却凝固而获得毛坯的铸造方法，这是金属成形的一种传统方法，适用于生产各种形状、大小及各类合金铸件。在铸件成形中砂型铸造的生产量超过90%，可以说砂型铸造是铸造生产的基础。砂型铸造的典型工艺过程包括模样和芯盒的制作、型砂和芯砂配制、造型制芯、合箱、熔炼金属、浇注、落砂、清理及检验。图3-10是砂型铸件的铸造生产工艺过程。

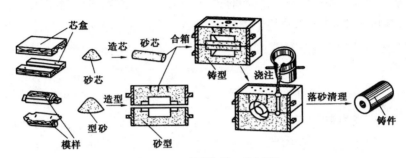

图 3-10　砂型铸造工艺过程

砂型铸造工艺的发展经历了自然砂、二氧化碳砂和树脂砂等阶段。树脂砂在室温下受酸的催化作用，会先后产生缩聚反应和聚合反应，其线型树脂分子交联成体型网状分子，达到铸型硬化从而获得必要的强度。采用树脂自硬砂造型、制芯工艺，可以提高铸件质量，简化操作工艺，有利于实现机械化、自动化生产和提高模具使用寿命，减少有害气体，利于改善劳动条件，这是大型复杂铸件走向精化的方向。例如，一种导弹发射转塔台是ZL104铝合金铸件，其外形尺寸为3.8m×2.3m×2.61m，净重2.7t，采用树脂砂组芯造型浇注。对于砂型铸造来说，所生产的铸件的表面粗糙度Ra较其他凝固成形方法高，在12.5～400μm范围内。在如此大的表面粗糙度变化范围内，铸件的实际表面粗糙度完全取决于铸型的造型方法及造型材料，如采用树脂砂、机器造型，则铸件的表面粗糙度可达Ra12.5～50μm，从而极大改善砂型铸件的外观质量。此外，砂型铸造件的尺寸精度也较其他凝固成形方法的尺寸精度差。

（二）熔模铸造

熔模铸造是一种精密铸造方法，这种方法是用易熔材料（例如石蜡）制成精确的模型，在模型上涂覆涂料，制成由耐火材料（石英、刚玉等）及高强度黏结剂（硅酸乙酯或水玻璃）组成多层的型壳，型壳硬化后，加热熔失模型，然后高温焙烧型壳，再浇注金属进入型壳中，得到需要的铸件。由于熔模多以石蜡-硬脂酸模料制备，故此法又称蜡铸造。熔模铸造的工艺过程包括：制造蜡模、制壳、脱蜡、焙烧、浇注等，其基本工艺过程如图 3-11 所示。

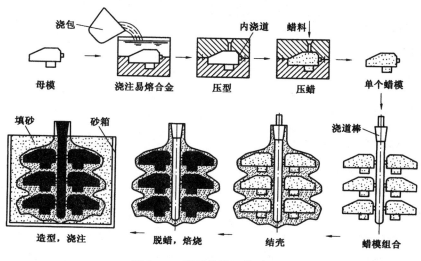

图 3-11 熔模铸造工艺过程

熔模铸造的工艺特点如下：

（1）铸件的尺寸和几何精度高，表面粗糙度值低。目前精铸件的尺寸精度可达 CT4～6 级，表面粗糙度值仅为 $Ra0.63～1.25\mu m$，可大大减少铸件的加工量，实现无余量铸造。

（2）既能铸造形状复杂的铸件，宽度大于 3mm 的凹槽、直径大于 2mm 的小孔均可直接铸出；也能铸造壁厚为 0.5mm、质量小于 1g 的铸件；还可以铸造组合的整体铸件，最大限度地提高了毛坯与零件之间的相似程度，为设计带来方便。

（3）合金种类不受限制，钢铁及非铁合金均可适用，尤其适用于高熔点及难加工的合金钢，如耐热合金、不锈钢、磁钢等。

（4）能显著减少产品型面和配合面的加工量，节省工时和减少刀具材料消耗。其浇冒口和废铸件几乎全部可以回用，提高了金属材料利用率。

（5）生产批量不受限制，单件、成批、大量生产均可，适宜加工中小型铸件。生产过程中无需复杂的机械设备，工装模具可以采用多种材料和工艺方法制造，急需单件时甚至可以用模料切削加工和手工制成熔模，以缩短研制周期并节约费用。

（6）其主要缺点是工艺过程较复杂，生产周期长；原材料价格贵，铸件成本高；铸件不能太大、太长，否则熔模易变形，丧失原有精度。

综上所述，熔模铸造是一种先进精密成形工艺，最适合 25kg 以下的高熔点、难以切削加工合金铸件的成批、大量生产。在航天产品中，2cm 和 3cm 波导弯头等标准微波器件、铝合金的控制仪薄壁机架、主要壁厚为 2.5～9mm 的壳体、耐热合金的精铸叶片和喷嘴环（外形尺寸 φ400mm×50mm，20kg）、钛合金的封头壳体、铝合金的涡喷发动机匣等都是采用熔模铸造的精铸件。

（三）金属型铸造

金属型铸造是利用重力将液态金属（合金）浇入金属材质的铸型中，并在重力的作用下凝固成形，以获得铸件的一种铸造方法。与砂型铸造的差别就是铸型材料，金属型一般是用钢、铸铁或其他金属制成，习惯上称作"硬模"。由于铸型用金属制成，可反复使用，故金属型铸造又称为永久型铸造。

金属型的结构有整体式、水平分形式、垂直分形式和复合分形式几种（图 3-12）。其中，垂直分形式开设浇冒口，开、合型方便，取出铸件容易，易于实现机械化生产，应用最为广泛。复合分形式多用于形状复杂的铸件。金属型一般用铸铁或铸钢制造，型腔采用机加工的方法制成，不妨碍抽芯的铸件内腔可用金属芯获得，复杂的内腔多采用砂芯。

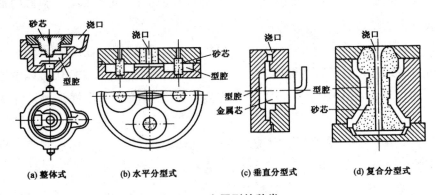

图 3-12　金属型的种类

用金属型代替砂型，克服了砂型的许多缺点，但也带来一些新的问题。如金属型无透气性，易使铸件产生气孔；金属型导热快，无退让性，铸件易产生浇不足、冷隔、裂纹等缺陷；在高温的金属液作用下，金属型易损坏等。

金属型铸造的工艺要点：

（1）金属型预热。金属型浇注前需预热，预热温度为：铸铁件 250～350℃，非铁合金铸件 100～250℃。预热目的是减缓铸型的激冷作用，避免产生浇不到、冷隔、裂纹等缺陷。

（2）刷涂料。为保护铸型，调节铸件冷却速度，改善铸件表面质量，铸型表面应喷刷涂料。涂料由粉状耐火材料（氧化锌、石墨、石英粉等）、水玻璃黏结剂和水制成。

（3）浇注温度。由于金属型导热快，所以浇注温度应比砂型铸造高20～30℃。铝合金为680～740℃，铸铁为1300～1370℃。

（4）开型时间。因为金属型无退让性，铸件在金属型内停留时间过长，容易产生铸造应力而开裂，甚至会卡住铸型。因此，铸件凝固后应及时从铸型中取出。通常铸铁件出型温度为780～950℃，出型时间为10～60s。

与砂型铸造相比，金属型铸造可以获得尺寸精度高和表面质量好的铸件。金属型铸件冷却速度快，其结晶组织致密，偏析较少，力学性能好。如铝合金金属型铸件，其抗拉强度平均可提高25%，屈服强度平均提高约20%，同时抗蚀性能和硬度也显著提高。金属型可"一型多铸"，省去了砂型铸造中的配砂、造型、落砂等许多工序，节省了大量的造型材料和生产场地，提高了生产率，易于实现机械化和自动化。而且使劳动条件得到改善，并减轻对环境的污染，符合"绿色铸造"的理念。金属型铸造特别适用于简单的小型铸件大批量生产，其铸件的壁厚应力尽可能均匀，而且没有侧凹和复杂内腔，金属型铸造也可用于生产中等复杂程度的铸件，但其批量必须多到足以补偿铸型的费用。金属型铸造可用于铝、镁、铜、锌合金以及铸铁的铸造，使用最多的是铝合金、镁合金和铜合金。

金属型铸造的主要缺点是：金属型不透气、无退让性、铸件冷却速度快，易产生气孔、应力、裂纹、浇不足、冷隔、白口组织等铸造缺陷。金属型不适宜生产形状复杂（尤其是内腔复杂）、薄壁和大型的铸件。而且金属型的制造成本高，周期长，不适合单件、小批量生产。

目前金属型铸造主要用于钢、铝、镁等有色合金铸件的大批量生产。如内燃机活塞、汽缸盖、油泵壳体、轴瓦、轴套等。对于黑色金属件，只限形状简单的中、小件。

（四）压力铸造

压力铸造（简称压铸）是在压铸机的压室内，注入液态或半液态金属或合金，使其在高压下高速充填铸型，并在高压下成形和结晶而获得铸件的一种铸造方法。压铸具有机械化程度和生产效率都很高的特点，特别是大批量地生产结构复杂的精密铸件，具有独特的优越性。因此，它是近代金属成形工艺领域中的精密加工工艺。压铸与普通金属型铸造相比，变化的是充填方式和凝固条件；与注塑的最大不同是充填介质。

压铸机是压铸生产中最主要的设备，压铸过程是通过压铸机来实现的。压铸机按其压室工作环境的不同可分为热压室压铸机和冷压室压铸机两大类。目前生产中以冷压室压铸机为主，以卧式冷压室压铸机使用最为普遍。

（1）热压室压铸机。热压室压铸机的压室与坩埚多为一体，通常浸于熔化坩埚内的液态金属中。在此装置中，用杠杆机构或压缩空气产生压力。典型的热压室压铸机的压铸过程如图 3-13 所示。工作时，压射冲头 3 下行，将压室 4 中的金属液通过通道 6 和喷嘴 7 压入压铸型 8 的型腔中。逐渐凝固后，打开压铸型，取出铸件。压射冲头上升，金属液从金属吸取孔中流入压室。热压室压铸机由于压力小，压室浸没在金属液中易被腐蚀，多适用于压铸低熔点合金（如铅、锡、锌合金），近年来也开始用于压铸铝、镁、铜等较高熔点合金的铸件。

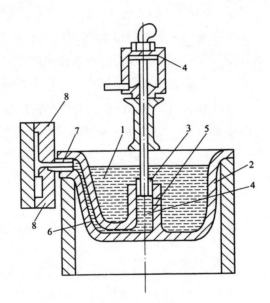

图 3-13　热压室压铸机工作过程示意图

1—液态金屑；2—坩埚；3—压射冲头；4—压室；5—进口；6—通道；7—喷嘴；8—压铸型

（2）冷压室压铸机。冷压室压铸机是目前压铸生产中广泛采用的压铸设备，现代机械上采用较多的铝合金、镁合金和铜合金压铸件，大多是在冷压室压铸机上生产的。这种压铸机的压室与熔化坩埚是分开的。压铸时，需要以人工、机械方式或其他方法将金属液由熔化坩埚浇入压室，在压射冲头的作用下向模具型腔充填，直至形成铸件，最后开模将铸件取出，即完成一个操作循环。就压室而言,冷压室的压室组成比热压室的简单,更换方便,排除故障容易。根据压室与压铸型相对位置的不同,冷压室压铸机分为立式、卧式和全立式3种。

立式冷压室压铸机的原理如图3-14所示,其压射机构是竖直放置的。压缩活塞又称上冲头,压室侧壁有喷孔。下活塞又称下冲头,它既可以在金属液浇入压室时作暂时封住喷孔之用,同时又用来在压射后切断余料和推出余料。

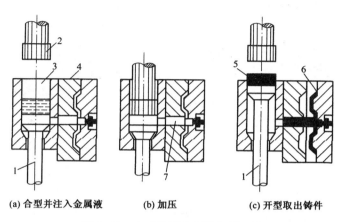

(a) 合型并注入金属液　　　(b) 加压　　　(c) 开型取出铸件

图3-14　立式冷压室压铸机原理图

1—下活塞；2—压缩活塞；3—压室；4—压型；5—剩余金属；6—铸件；7—喷孔

卧式冷压室压铸机的原理如图3-15所示,它与立式的区别只在于活塞的运动方向不同。卧式冷压室压铸机的压射机构是水平放置的,由压缩活塞和压室组成,由于余料从模具分型面间随铸件推出,故无切断余料装置。卧式冷压室压铸机具有便于自动浇料,压射时金属液转折少、流程短、充填的动能损失少,免除切断余料的程序,更换压室、冲头方便等许多优点,故近年来发展很快,自动化程度也越来越高。特别是大型压铸机,都采用卧式冷压室的压铸形式。

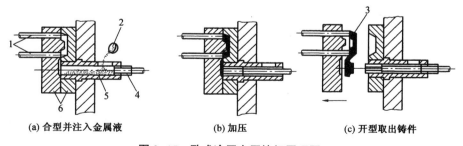

(a) 合型并注入金属液　　　(b) 加压　　　(c) 开型取出铸件

图3-15　卧式冷压室压铸机原理图

1—顶杆；2—培融金属；3—铸件；4—压缩活塞；5—压缩室；6—压型

全立式冷压室压铸机的模具分为上、下两半模，打开和合型呈竖直方向，金属液至下向上压射进入模具内。该类压铸机的工作原理如图 3-16 所示。将液态金属 2 浇入压室 3 中，动型 5 下行完成合型的动作，使压射冲头 1 向上运行将液态金属压入型腔。待铸件冷凝后，动型上升，开型取出铸件。这种压铸机占地面积小，操作平稳，同时因压铸型为水平分型，在铸型中安装镶嵌件比较方便，且容易实现真空压铸新工艺。

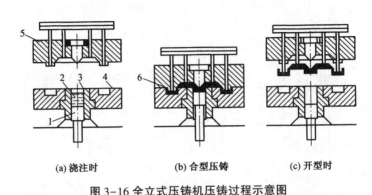

(a) 浇注时　　　　(b) 合型压铸　　　　(c) 开型时

图 3-16 全立式压铸机压铸过程示意图

1—压射冲头；2—液态金属；3—压室；4—定型；5—动型；6—铸件

高压力和高速度是压铸时液态金属充填金属型腔的两大特点，也是压铸与其他铸造方法最根本的区别。压铸所用的压力一般为 30～70MPa（300～700 大气压），充填速度可达 0.5～120m/s，充填时间为 0.05～0.2s，最短只有千分之几秒，所以压力铸造可降低浇注温度，甚至可用糊状（半液态）金属进行压铸。压力铸造能获得晶粒细、组织致密的铸件，压铸件的强度要比普通砂型铸件提高 25%～40%。可压铸各种结构复杂、轮廓清晰的薄壁深腔零件，甚至很小的孔和螺纹等。可以获得尺寸精度很高、表面粗糙度很小的铸件；绝大多数压铸件不需要进行机械加工就可以进行装配。可以压铸出用其他方法难以制造的零件。如镶铸法，可以在一定的部位铸入所需的其他材料（磁铁、衬套、金属管、绝缘材料等），既满足特殊部位的要求，又简化了装配结构和制造工艺。压力铸造生产率很高，有利于实现机械化和自动化。

但是压铸设备和压铸型费用高，压铸设备准备周期长、成本高，一般适于定型产品的大批量生产。而且因液态金属充型速度高，压力大，气体难以完全排出，在铸件内常存在皮下小气孔。另外，压铸件不能进行热处理，否则气孔中气体膨胀而导致铸件表面起泡。压铸用合金的范围在目前来说还有一定的局限性，多以有色合金为主。目前压铸生产还受到机器功率的限制，一般以生产几千克以内的铸件占多数。

压力铸造目前多用于生产有色金属的精密铸件。如发动机的气缸体、箱体、化油器以及仪表、电器、无线电、日用五金的中小零件等。质量从几克到几十千克，铸件最小壁厚可达 0.5mm，最小孔径可达 0.7mm，并能满足对产品质量越来越高的要求。

近几年来，为了进一步提高压铸件质量，在压铸工艺和设备方面又有了新的进展，如真空压铸。真空压铸是在压铸前先将压腔内的空气抽除，使液态金属在具有一定真空度的型腔内凝固成铸件。真空压铸对减小铸件内部的微小气孔、提高质量具有良好的效果。如锌合金经真空压铸后 σ_b 能从 245MPa 提高到 294MPa，压铸的最小壁厚能从 1～1.5mm 减小到 0.5～0.8mm，废品率明显下降。

（五）低压铸造

低压铸造是介于重力铸造（如金属型铸造、砂型铸造等）和压力铸造之间的一种铸造方法。它是在 20～70kPa（0.2～0.7 大气压）的低压下将金属液注入型腔，并在压力下凝固成形以获得铸件的一种方法。其原理示意图如图 3-17 所示，在一个盛有液态金属的密封坩埚中，由进气管通入干燥的压缩空气或惰性气体，由于金属液面受到气体压力的作用，金属液则自下而上地沿升液导管和浇口充满铸型的型腔，保持压力直至铸件完全凝固。消除金属液面上压力后，这时升液导管及浇口中尚未凝固的金属因重力作用而回流坩埚中，然后打开铸型取出铸件。

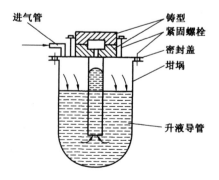

图 3-17　低压铸造示意图

低压铸造浇注时的压力和速度便于调节，故可适应各种不同的铸型（如金属型、砂型、熔模型壳等）。同时是底注充型，充型平稳，对铸型的冲刷力小，且液流和气流方向一致，气体较易排除，气孔、夹渣等缺陷较少，便于实现顺序凝固，使铸件在压力下结晶，组织致密、力学性能高。由于省去了补缩冒口，使金属的利用率提高到90%～98%。由于提高了充型能力，有利于形成轮廓清晰、表面光洁的铸件，这对于大型薄壁铸件的生产尤为显著。低压铸造设备费用较压铸低。低压铸造目前广泛应用于铸造铝合金铸件，如汽车发动机缸体、缸盖、活塞、叶轮等，也可用于球墨铸铁、铜合金等浇注较大的铸件，如球铁曲轴、铜合金螺旋桨等。低压铸造存在的主要问题是升液管寿命短，液态金属在保温过程中易产生氧化和夹渣，且生产率低于压铸。

（六）离心铸造

离心铸造是将液态金属浇入高速旋转（250～1500r/min）的铸型中，使金属液在离心力作用下充填铸型并凝固成形，离心铸造适合生产中空的回转体铸件，并可省去型芯。为使铸型旋转，离心铸造必须在离心铸造机上进行。根据铸型旋转轴空间位置的不同，离心铸造机可分为立式和卧式两大类。

在立式离心铸造机上铸型是绕垂直轴旋转的，当浇注圆筒型铸件时[图3-18（a）]，金属液并不填满型腔，而在离心力的作用下紧靠在铸型的内表面并冷凝，而铸件的壁厚则取决于浇入的金属量。这种方式的优点是便于铸型的固定及金属的浇注，但铸件的自由表面（即内表面）由于重力的作用面呈抛物线状，使铸件上薄下厚。显然在其他条件不变的前提下，铸件的高度越大，壁厚的差别越大。因此，主要用于高度小于直径的圆环类铸件。离心铸造也可用于生产成形铸件，此时多在立式离心铸造机上进行，如图3-18（b）所示。铸型紧固于旋转工作台上，浇注时金属液充满铸型，故不形成自由表面。成形铸件的离心铸造虽未省去型芯，但在离心力作用下，提高了金属液的充型能力，便于薄壁铸件的成形，而且浇口可起补缩作用，使铸件组织致密。

在卧式离心铸造机上铸型是绕水平轴旋转的[图3-18（c）]。在离心力的作用下，液体金属贴在铸型内表面，而形成中空铸件。这种方法铸出的圆筒型铸件无论在轴向还是径向壁厚都是相同的，因此适合于生产长度较大的管类铸件，这也是最常用的离心铸造方法。

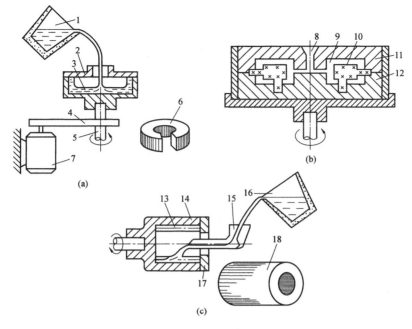

图 3-18　离心铸造示意图

1、16—浇包；2、14—铸型；3、13—液体金属；4—皮带轮和皮带；5—旋转轴；6、18—铸件；7—电动机；8—浇注系统；9—型腔；10—型芯；11—上型；12—下型；15—浇注槽；17—端盖

　　离心铸造利用自由表面生产圆筒形铸件时，可省去型芯和浇注系统，因而省工、省料，降低了铸件成本。在离心力的作用下，铸件呈由外向内的顺序凝固，而气体和熔渣因比重轻向内腔（自由表面）移动而排除，故铸件组织致密，极少存有缩孔、气孔、夹渣等缺陷，力学性能好。合金的充型能力强，便于流动性差的合金及薄件的生产，便于铸造双金属铸件，如钢套镶铸铜衬，不仅表面强度高，内部耐磨性好，还可节约贵重金属。依靠自由表面所形成的内孔尺寸偏差大而内表面粗糙，若需切削加工，必须增大加工余量。不适于铸造比重偏析大的合金及轻合金，如铅青铜、铝合金、镁合金等。此外，因需要较多的设备投资，故不适宜单件、小批生产。

　　离心铸造是生产管、套类铸件的主要方法，如铸铁管、铜套、气缸套、双金属钢背铜套、双金属轧辊、加热炉滚道、造纸机滚筒等。铸件内径小至 $\phi7mm$，大到 $\phi3m$，长 8m，重达十几吨。目前，我国已建有年产量达数十万吨的现代化离心铸管厂。

（七）挤压铸造

挤压铸造（又称液态模锻）是用铸型的一部分直接挤压金属液，使金属液在压力作用下成形、凝固而获得零件或毛坯的方法。

最简单的挤压铸造法如图 3-19 所示。其工作原理是在铸型中浇入一定量的液态金属，上型随即向下运动，使液态金属自下而上充型。挤压铸造的压力和速度较低，无涡流飞溅现象，且铸件成形时伴有局部塑性变形，因此铸件致密而无气孔。挤压铸造所采用的铸型大多是金属型，图 3-20 所示为挤压大型薄壁铝合金铸件的工艺过程。挤压铸型由两扇半型组成，一扇固定，另一扇活动。首先清理铸型、型腔内喷涂料、预热等，使铸型处于待注状态，然后向敞开的铸型底部浇入定量的金属液，逐渐合拢铸型，液态金属被挤压上升，并充满铸型，而多余的金属液由铸型顶部挤出。同时，金属液中所含的气体和杂质也随同一起挤出，进而升压并在预定的压力下保持一定时间，使金属液凝固，最后卸压、开型、取出铸件。

挤压铸件的尺寸精度和表面质量高，铸件致密；无需开设浇冒口，金属利用率高；适应性强，多数合金都可挤压铸造；工艺简单，节省能源和劳力，容易实现机械化和自动化；生产率比金属型铸造高 1～2 倍。挤压铸造可用于生产强度要求较高、气密性好、薄板类型的铸件，如各种阀体、活塞、机架、轮毂、耙片和铸铁锅等。

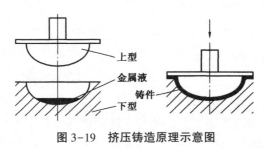

图 3-19　挤压铸造原理示意图

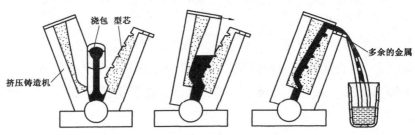

图 3-20　挤压铸造工艺过程

（八）陶瓷型铸造

陶瓷型铸造是在砂型铸造和熔模铸造的基础上发展起来的一种精密铸造方法。图 3-21 为陶瓷型铸造的工艺过程。

（1）砂套造型。为了节省昂贵的陶瓷材料和提高铸型的透气性，通常先用水玻璃砂制出砂套（相当于砂型铸造的背砂）。砂套的制造方法与砂型铸造雷同［图 3-21（b）］。

（2）灌浆与胶结。将母模固定于平板上，刷上分型剂，扣上砂套，将配制好的陶瓷浆由浇口注满［图 3-21（c）］，经数分钟后，陶瓷浆便开始结胶。

（3）起模与喷烧。灌浆 5～15min 后，趁浆料尚有一定弹性便可起模。为加速固化，必须用明火均匀地喷烧整个型腔［图 3-21（d）］。

（4）焙烧与合型。陶瓷型要在浇注前加热到 350～550T 焙烧 2～5h，去除残存的乙醇、水分等，并使铸型的温度进一步提高［图 3-21（e）］。

（5）浇注。浇注温度可略高，以便获得轮廓清晰的铸件［图 3-21（f）］。

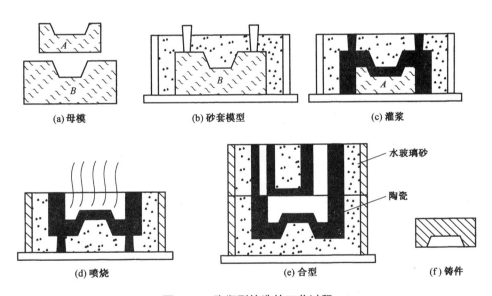

(a) 母模　　　(b) 砂套模型　　　(c) 灌浆

水玻璃砂

陶瓷

(d) 喷烧　　　(e) 合型　　　(f) 铸件

图 3-21　陶瓶型铸造的工艺过程

由于是在陶瓷层处于弹性状态下起模，同时陶瓷型在高温下变形小，所以铸件的尺寸精度和表面粗糙度与熔模铸造相近。此外，陶瓷材料耐高温，故可浇注高熔点合金。对铸件的大小不受限制，可从几千克到数吨。在单件、小批生产下，需要的投资少，生产周期短，在一般铸造车间较易实现。陶瓷型铸造不适于批量大、质量轻或形状复杂的铸件，且生产过程难于实现机械化和自动化。目前陶瓷型铸造广泛用于生产厚大的精密铸件，如铸造冲模、锻模、玻璃器皿模、压铸模、模板等，也可用于生产中型铸钢件。

（九）实型铸造

实型铸造又称为气化模铸造和消失模铸造，其原理是用泡沫聚苯乙烯实体模（包括浇冒口系统）等代替木模或金属模进行造型，造型后模样不取出，铸型呈实体，浇入液态金属后，实体模燃烧气化消失，金属液充填模样的位置，冷却凝固成尺寸精确铸件，图3-22为实型铸造工艺过程。

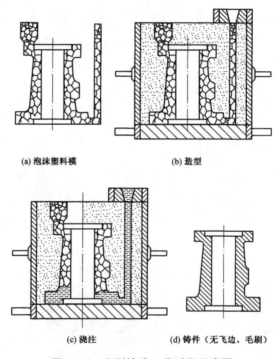

(a) 泡沫塑料模　　　　　　　(b) 造型

(c) 浇注　　　　　　　(d) 铸件（无飞边、毛刷）

图 3-22　实型铸造工艺过程示意图

实型铸造由于铸型没有型腔和分型面，不必起模和修型，是一种近无余量的新型成形工艺。与普通铸造相比有以下优点：工序简单、生产周期短、效率高、铸件尺寸精度高，可采用无黏结剂型砂，劳动强度低，而且零件设计自由度大。原先由多个零件加工后组装的构件，可以通过分局部制模后黏合成整体一次铸出，使铸件美观、耐用。铸件内部质量提高，废品率显著下降。对环境无公害，易实现清洁生产。实型铸造应用范围较广，几乎不受铸件结构、尺寸、质量、材料和批量的限制，特别适用于生产形状复杂的铸件。将消失模技术与低压铸造相结合，将实现对金属液充填速度的严格控制，同时也会实现气化模型的有序气化，使铸件在一定压力下结晶凝固，从而获得组织致密、高气密性的铝合金铸件。

二、铸造在航天产品中应用实例

（一）舱体类铸件

以整体铸造舱体作为战术导弹的主体结构件，具有整体刚度好、积累误差小、生产周期短、成本低等优点。目前在各类航天产品上使用的整体铸造舱体，大小不等共有几十种，所用合金包括高强度铸造铝合金、普通型铸造铝合金、镁合金、铝合金等。这些铸件均为薄壁圆筒形铸件，属于Ⅰ类铸件。铸件加上浇冒口的总质量为 20～200kg，铸件高度为 200～1600mm，外径为 360～650mm，基本壁厚为 3～5mm，壁厚公差一般为 ±0.5mm。内腔型面复杂且一般不再加工，分布有纵横肋框、安装凸台、口框和前后端框，铸件各部位的壁厚相差悬殊。铸件质量分别按 GB1173《铸造铝合金》、GB 9438《铝合金铸件》、HB 5480《高强度铝合金优质铸件》、QJ 1702《铸造铝合金舱体技术要求》及产品专用技术条件进行控制。

舱体类铸件一般采用金属型铸造。芯盒常采用金属芯盒镶木质结构，便于试制造型。舱体铸造方法多为低压铸造、差压铸造，顺序结晶也有采用。其浇注系统基本上都是缝隙式的。舱体铸件浇注系统如图 3-23 所示。安排缝隙浇口时，每条缝隙浇口所负担的铸件水平截面外廓周长为 150～200mm。冷铁常与冒口配合使用。目前广泛使用的是铝合金冷铁，它便于制作，激冷效果好。舱体铸型工艺简图如图 3-24 所示。

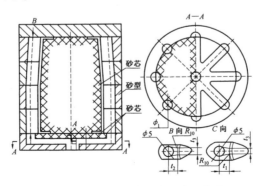

图 3-23　舱体铸件浇注系统示意图

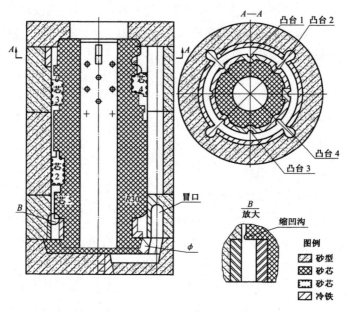

图 3-24　舱体铸型工艺简图

主要工艺参数如下：

充型压力一般在 0.02~0.06MPa；凝固压力：砂型为 0.04~0.06MPa，金属型为 0.05~0.08MPa；加压速度：升液阶段为 0.00075~0.015MPa·s，充型阶段为 0.012~0.015MPa·s；保压时间按升液管中浇口残留量小于 80mm 确定。

（二）铝合金微波元件的石膏型熔模铸造

铝合金微波元件通常采用机械加工拼焊工艺制造，例如 H 面折叠双 T 元件就是由 7 个精加工零件拼焊而成的，加工难度大，成本高。目前航天产品中的 2cm 和 3cm90°E 面、H 面弯头、2cm45°E 面弯头等微波元件，均采用石膏型熔模铸造。其中 H 面弯头、H 面折叠双 T 元件属于小型薄壁结构复杂的铝合金铸件（图 3-25 与图 3-26），最小壁厚 1mm，内腔精度 ±0.05mm，表面粗糙度仅为 $Ra1.6~3.2\mu m$，有气密性和电气指标要求。根据铸件特点，选用铝合金作为模具材料，模具型腔用拼块组成，芯子采用水溶性芯，外模用液态中温蜡。采用以 β 石膏为主的石膏铸型，通过脱蜡、焙烧、合金熔化、真空浇注，在压力下结晶制成铸件，再把铸件放在水中进行人工清理，最后对铸件进行液体喷砂。

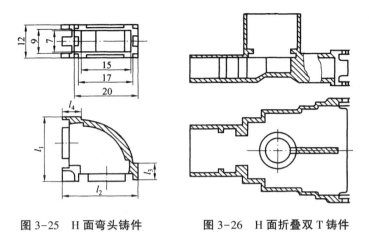

图 3-25　H 面弯头铸件　　　　　　图 3-26　H 面折叠双 T 铸件

三、锻造技术

锻造是机械制造中常用的成形方法。锻造是利用锻压机械和模具对金属坯料施加压力，使其产生塑性变形，以获得具有一定力学性能、一定形状和尺寸的锻件的加工方法（图 3-27）。与其他加工工艺（如铸造、机械加工）相比，通过锻造能消除金属的铸态疏松、焊合孔洞。锻件的韧性好、纤维组织合理，并且通过高温变形后，原材料的内部缺陷得以消除，晶粒度及内部组织得到明显改善。因此，锻造对很多零件是一种既质量高又经济实用的制坯方法，特别是对于传递动力的零件，由于性能要求高、受力大，锻造在其毛坯制造中有着不可替代的作用。机械中负载高、工作条件严峻的重要零件，除形状较简单的可用轧制的板材、型材或焊接件外，多采用锻件。

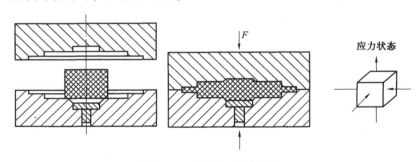

图 3-27　锻造工艺示意图

锻造按坯料在加工时的温度可分为冷锻和热锻。冷锻一般在室温下加工，热锻是在高于坯料金属的再结晶温度加工。有时还将处于加热状态，但温度不超过再结晶温度时进行的锻造称为温锻。这种划分在生产中并不完全统一，例如，普通碳钢的再结晶温度约为 460℃，但普遍采用 800℃作为划分线，高于 800℃的是热锻，在 300～800℃之间称为温锻或半热锻。

锻造按成形方法则可分为自由锻、模锻、冷锻、径向锻造、挤压、成形轧制、辊锻和碾扩等。坯料在压力下产生的变形基本不受模具等外部条件限制的称自由锻，也称开式锻造；其他锻造方法的坯料变形都受到模具的限制，称为闭模式锻造。成形轧制、辊锻、碾扩等形成方法的成形工具与坯料之间有相对的旋转运动，对坯料进行逐点、渐近的加压和成形，故又称为旋转锻造。

锻造的零部件广泛应用于机械、冶金、航空、航天、航海和兵器等行业，为推动人类社会的发展进步起到了至关重要的作用，在国民经济中占有重要位置。据统计，锻造的能源耗用占机械系统总能耗的 7%～8%。因此，世界各国，尤其是工业比较发达的国家，都很重视锻造工业的发展。随着工业生产对锻件的高精度和少切削或无切削加工的要求，近年来又发展了一些高效率、高精度的锻造设备和锻造技术，如精锻机、冷镦机、热镦机、高速锤，以及热精锻、冷温锻、等温锻、挤压、液态模锻和粉末锻造等新技术。净形精密锻造技术、CAD/CAM/CAE 技术、复合塑性成形技术等已成为锻造技术的发展趋势。

（一）自由锻

自由锻是利用冲击力或压力使金属在上下两个砧铁之间产生变形，从而获得所需形状及尺寸的锻件。金属受力变形时在砧铁间向各个方向自由流动，不受什么限制。锻件形状和尺寸是由操作工的操作技术来保证的。

自由锻造分手工锻造和机器锻造两种。手工锻造只能生产小型锻件，机器锻造是自由锻造的主要生产方法。自由锻通常采用热变形，常以逐段变形的方式来达到成形的目的，能以较小的设备锻造较大锻件。自由锻造应用极广，锻件的质量可从不到 1kg 到 200～300t。对于大型锻件，自由锻造是唯一可能的加工方法。因此，自由锻造在重型机械制造中具有特别重要的意义，如制造水轮机的主轴、曲轴、连杆等。大型零件在工作中都承受重大载荷，要求具有较高的强度，故均应采用自由锻造制成的毛坯再经切削加工制成零件。又由于自由锻造所用工具及设备具有极大的通用性，因而广泛应用在单件小批量生产中。

自由锻造设备根据对锻件的作用力性质分为锻锤（空气锤、蒸汽-空气锤）和液压机（水压机、油压机）两大类。锻锤产生冲击力使金属变形，而液压机产生静压力使金属变形。

空气锤的吨位（用落下部分的质量表示）一般为 50～1000kg，其特点是操作方便，但吨位不大，广泛用于小型锻件的生产。蒸汽–空气锤是利用蒸汽或压缩空气带动锤头工作的。常用的双拱式蒸汽–空气锤的构造如图3-28所示，其主要组成部分有工作气缸1、落下部分2（活塞、锤杆、锤头和上砧铁）、带导轨的左右机架3、带下砧铁的砧座4和操作手柄5等。蒸汽–空气锤用0.41～0.91MPa（4～9个大气压）的蒸汽或压缩空气来推动活塞，落下部分质量可以显著增大，锻击功能大为提高，但必须有一套辅助设备如蒸汽锅炉或空气压缩机等，故较空气锤复杂。蒸汽–空气锤的吨位用落下部分的质量来表示，一般为0.5～5t，适合锻造中型和较大型的锻件。

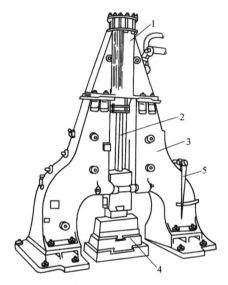

图3-28　双拱式蒸汽–空气锤的构造

1—工作气缸；2—落下部分；3—左右机架；4—站座；5—操作手柄

水压机的构造如图3-29所示。工作时高压水（200个大气压左右）沿管a进入安装在上横梁3上的工作缸1内，并压在柱塞2上使其下降。这时，与柱塞固定在一起的活动横梁4也沿着立柱5随同下降。活动横梁的下端装有上砧铁11，下降时便对置于下砧铁12上的锻件施加压力。下砧铁固定在下横梁6上。活动横梁的回升由回程缸7来完成。这时工作缸1排水，而高压水沿管b进入回程缸7，并推压小柱塞8使之上升。同时通过小横梁9、拉杆10带动活动横梁也随着上升，这样就完成了水压机的一个工作过程。

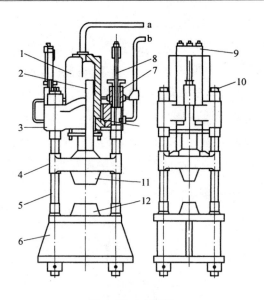

图 3-29　水压机

1—工作缸；2—柱塞；3—上横梁；4—活动横梁；5—立柱；6—下横梁；7—回程
缸；8—小柱塞；9—小模梁；10—拉杆；11—上砧铁；12—下砧铁

　　水压机的优点在于它以压力（上砧铁速度为 0.1～0.3m/s）代替锻锤的冲击
力（锤头速度可达 7～8m/s），从而避免了对地基及建筑物的振动，而且工作条
件较好和安全。其次，金属在水压机上比在锻锤上锻造容易达到较大的锻透深
度，可获得整个截面是细晶粒组织的锻件。水压机的缺点是设备庞大，必须有一
套供水系统和操纵系统，造价较高。水压机的压力可达 500～15000t（5～150MN），
所锻钢锭质量可达 300t。

　　各种类型的锻件都是采用不同的锻造工序使坯料逐步变形锻造出来的，根据
变形性质和变形程度的不同，自由锻工序可分为辅助工序、基本工序及修整工
序，辅助工序是为基本工序操作方便而进行的预先变形工序，如钢锭预压钳把、
钢锭倒棱、分段压痕等，如图 3-30 所示。修整工序是用来精整锻件尺寸和形状，
使其完全达到要求的工序，如弯曲校直、鼓形滚圆、端面平整等，如图 3-31 所
示。修整工序的变形量很小，常在终锻温度以下进行。基本工序是使坯料产生较
大的塑性变形，以达到所需形状及尺寸的工艺过程，如镦粗、拔长、冲孔、切
割、弯曲、扭转、错移等。实际生产中最常用的是镦粗、拔长和冲孔 3 种基本
工序。

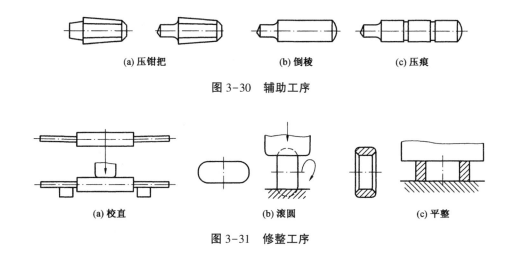

(a) 压钳把   (b) 倒棱   (c) 压痕

图 3-30 辅助工序

(a) 校直   (b) 滚圆   (c) 平整

图 3-31 修整工序

（二）胎模锻

胎模锻是在自由锻设备上使用胎模生产模锻件的压力加工方法。胎模锻一般采用自由锻方法制坯，然后在胎模中最后成形。胎模一般不固定在锤头和砧座上，而是用工具夹持，平放在锻锤的下砧上。胎模锻可采用几副胎模，每副胎模都能完成模锻工艺中的一个工步，而且可以有几个分模面，又能局部成形。因此胎模锻能锻出形状较复杂的模锻件。

与自由锻相比，由于胎模锻件的形状和尺寸是靠胎模保证的，所以胎模锻操作简便，生产率和锻件精度都较高。与模锻相比，它不需要昂贵的模锻设备，工艺操作灵活，适应性强，能用较小设备锻制出较大的模锻件，而且胎模结构简单，制造容易，成本低。但是胎模锻件的精度不如模锻件高，劳动强度大。胎模锻适用于小型锻件的中小批生产，在没有模锻设备的中小型工厂应用较为广泛。胎模种类较多，主要有扣模、筒模及合模 3 种。

扣模由上下扣组成，如图 3-32（a）所示，或只有下扣，上扣以上砧代替，如图 3-32（b）所示。坯料在扣模中锻造时不翻转，但扣形后需翻转 90°在锤砧上平整侧面。扣模主要用于为合模制坯，也可以锻造侧面平直的非回转体锻件。

筒模分开式筒模和闭式筒模两种。开式筒模如图 3-33（a）所示，开式筒模只有下模，锻造时上砧直接锤击坯料，使金属在模膛中成形，有时在上端面形成横向小飞边。开式筒模主要用于锻造齿轮、法兰盘等回转体盘类锻件。闭式筒模如图 3-33（b）所示，由下模和冲头组成。锤头的打击力通过冲头传给金属，使其在封闭的模膛中变形，属无飞边胎模锻。主要用于端面有凸台或凹坑的回转体锻件的锻造。对于形状复杂的胎模锻件，还可在筒模内再加两个半模（即增加一个分模面）制成组合筒模，如图3-34所示。坯料在由两个半模组成的模膛内成形，锻后先取出两个半模，再取出锻件。合模由上模和下模组成。为了使上下模吻合且不使锻件产生错移，经常用导柱或导锁定位，如图3-35所示。合模模膛四周有飞边槽，锻后需要将飞边切除。合模一般用于生产形状较复杂的非回转体锻件。

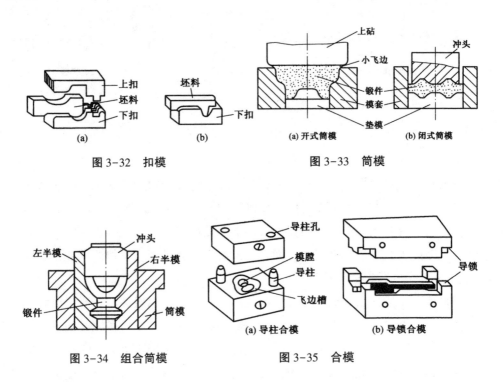

图 3-32　扣模　　　　　　　　图 3-33　筒模

图 3-34　组合筒模　　　　　　图 3-35　合模

（三）模锻

模锻是将金属坯料放入具有一定形状的锻模模膛内，使坯料受压而变形的压力加工方法。在变形过程中，金属的流动受到模膛形状的限制，金属充满模膛后就能得到与模膛形状相同的锻件。模锻件的生产过程主要由下料、加热、模锻、切边、热校正、热处理、清理、冷校正和检验等工序组成。其中，模锻工序是基本工序，其基本工序如图3-36所示。与自由锻相比，模锻操作技术要求不高，但生产率高；模锻件尺寸精度和表面质量较高，加工余量小，能锻造形状较为复杂的锻件。但是，模锻生产由于受到模锻设备吨位的限制，锻件质量不能太大，一般在150kg以下；又因为锻模成本高，故模锻只适用于大批量生产，广泛用于飞机、汽车、轴承等行业。

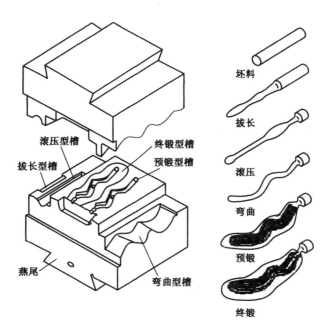

图 3-36　模锻过程及模锻

模锻工艺按所用设备可分为锤上模锻、热模锻、压力机上模锻、螺旋压力机上模锻、平锻机上模锻。

（1）锤上模锻。所用设备有蒸汽-空气锤、高速锤等。目前，我国一般工厂大都使用蒸汽-空气模锻锤，其外形如图 3-37 所示。其主要特点是锤头与导轨间的间隙较小，机架直接与砧座连接，保证了锤头上下运动的精确性，能使上、下模块对难。砧座较重，为落下部分质量的 20～25 倍。模锻锤的吨位（落下部分的重力）为 10^4～$1.6×10^5$kN，共 6 种规格。模锻件的质量为 0.5～150kg。由于锤上模锻具有工艺适应性广的特点，故目前仍在锻件生产中得到广泛应用。但是，模锻锤锻造振动和噪声大，劳动条件差，能源耗费严重。近年来，成批及大量生产的模锻件越来越多地采用压力机进行模锻。

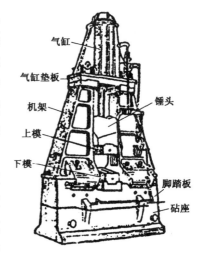

图 3-37　蒸汽-空气模锻锤

（2）曲柄压力机上模锻。模锻专用曲柄压力机，也称之为热模锻压力机，它已发展成为现代模锻的主要设备。曲柄压力机的传动系统如图 3-38 所示，电动机的转动经带轮和齿轮传至连杆，带动滑块沿导轨做上下往复运动。锻模分别装在滑块下端和工作台上。曲柄压力机的吨位一般是 $2 \times 10^3 \sim 1.2 \times 10^5 kN$。

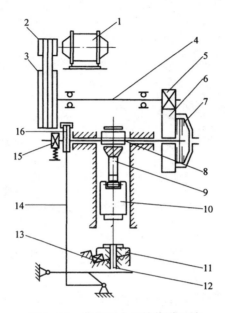

图 3-38　曲柄压力机的传送系统

1—电动机；2—小带轮；3—大带轮；4—传动轴 .5—小齿轮；6—大齿轮；7—离合器；8—偏心轴；9—连杆；10—滑块；11—工作台；12—下顶杆；13—楔铁；14—顶出机构；15—制动器；16—凸轮

曲柄压力机上模锻具有如下优点：①在滑块的一次往复行程中即可完成一个工步的变形。坯料变形比较深透而均匀，有利于提高锻件质量；②滑块运动精度高，并且还有锻件顶出装置，因此锻件的公差、斜度都比锤上模锻的小；③曲柄压力机作用力的性质属静压力，金属在模腔内流动缓慢，对于耐热合金、镁合金以及对变形速度敏感的低塑性合金的锻造非常有利；④生产率比锤上模锻高很多，且易于实现机械化和自动化；⑤锻造时振动和噪声小。但是，曲柄压力机结构复杂，不宜进行拔长和按压工步。如果是横截面变化较大的长轴类锻件，可采用周期轧制坯料或用辊锻机制坯来代替这两个工步。国内已采用了辊锻制坯，液压机械手夹持送取坯料，热模锻压机为主机的锻造生产自动线来生产汽车曲轴和前梁等复杂模锻件。

（3）摩擦压力机上模锻。摩擦压力机传动简图如图3-39所示，它是靠飞轮、螺杆及滑块向下运动时所积蓄的能量来实现模锻的。吨位为3500kN的摩擦压力机使用较多，最大吨位可达10000kN。摩擦压力机上模锻具有如下特点：①工艺用途广，摩擦压力机的锻造力和滑块行程可以自由调节，能够满足不同变形工步的要求；②滑块动速度低，金属再结晶充分，因此特别适合于低塑性合金钢和非铁金属的锻造，但也带来生产率较低的弊端；③旋转运动的螺杆和直线运动的滑块间为非刚性连接，故承受偏心载荷能力差，通常只能进行单模膛锻造；④摩擦传动效率低，设备吨位受到限制。摩擦压力机上模锻适合于中小型锻件的中、小批量生产，如螺钉、螺母及一些不需要制坯的小型锻件。

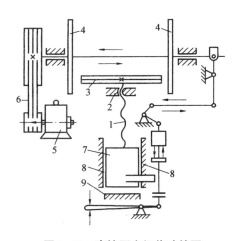

图 3-39　摩擦压力机传动简图

1—螺杆；2—螺母；3—飞轮；4—圆轮；5—电动机；6—皮带；7—滑块；8—导轨；9—工作台

（4）平锻机上模锻。图3-40为平锻机上模锻过程。平锻机启动前，棒料放在固定凹模1内，并由前定料板定位。在凸模前进时，活动凹模迅速将杆料夹紧，前定料板自动退出。凸模继续前进，使杆料一端镦粗，金属充满模膛。然后，主滑块带动凸模从凹模中退出，活动模松开，前定料板又恢复到原来的位置上，即可取出锻件。平锻机与其他曲柄压力机区别的主要标志是：有两个互相垂直的分模面，主分模面在凸模与凹模之间，另一个分模面在可分的两半凹模之间。平锻机的吨位一般为$1 \times 10^3 \sim 3.15 \times 10^4$kN。最适合在平锻机上模锻的锻件是带头部的杆类和有孔的锻件，也可以锻造曲柄压力机上不能模锻的一些锻件。平锻机上模锻有如下特点：①还料长度不受设备工作空间的限制，可锻造其他立式锻压设备不能锻造的长杆类锻件；②因为有两个分模面，故可以锻造在两个方向上有凹档、凹孔的锻件；③锻件尺寸精确，表面粗糙度小；④节省金属，材料利用率可达 85%～95%；⑤难以锻造非回转体及中心不对称的锻件。

（四）精密锻造

精密锻造工艺流程类似于一般模锻。与一般模锻相比，它能获得更好的表面质量、高的尺寸精度和机械加工余量少的锻件。因此，精密模锻不仅可以提高材料利用率、节省机械加工工时、提高生产效率，而且可使金属流线沿零件外形合理分布，有利于提高零件的疲劳性能及承载能力。精密锻造虽然优点很多，但它对模具、锻造设备以及加热设备要求都很高，所以只有在一定的生产批量时才能降低产品成本。

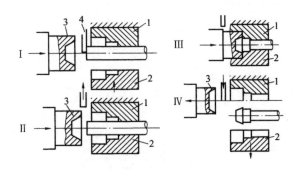

图 3-40　平锻机上模锻过程

1—固定凹模；2—活动凹模；3—凸模；4—前定料板

精密模锻是在模锻设备上锻造出形状复杂、精度高的锻件的模锻工艺。精密模锻时，应采用几乎无氧化加热的方法加热坯料，如果在坯料或锻件上出现氧化皮，应采用酸洗、干法滚筒清理等方法予以清除。精密模锻必须采取相应的工艺措施，如要求精确下料，仔细清理坯料表面的各种缺陷；模具设计和制造必须精确，一般其模腔的精度应比锻件精度高两级；采用少氧化和无氧化加热；模锻时要很好地进行润滑和冷却锻模等，才能达到精度的要求。

与一般锻件不同，精锻件在冷却过程中会发生二次氧化，所以应放在保护介质中冷却，如将锻件放入干燥的细砂中冷却，在批量生产中采用保护气体冷却。

（五）液态模锻

液态模锻是一种锻铸结合的工艺方法。该方法首先采用铸造工艺将金属熔化、精炼，然后将金属液浇入模具型腔，采用锻造工艺方法使金属液在模具型腔中流动充型，并在较大的静压力下凝固、结晶、流动、塑性变形，从而获得所需形状和性能的模锻件，其工艺流程如图 3-41 所示。

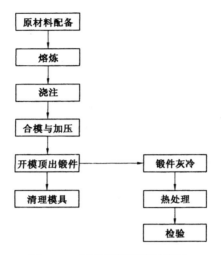

图 3-41　液态模锻工艺示意图

图 3-42 是平冲头下加压液态模锻示意图。液态模锻是介于压铸和模锻间的成形方法，特别适用于一般模锻难于成形的复杂薄壁件。由于金属在液态模锻的结晶过程中产生了一定量的变形，消除了缩孔、疏松、气孔等缺陷，产品既具有接近锻件的优良机械性能，又有一次精密铸造成形的高效率、高精度。液态模锻没有浇口和冒口，因此要求比较精确地定量浇注。浇注时采用漏斗并加热至与金属液相近的温度，进行"底注"，以免金属液喷溅到模具上造成缺陷。

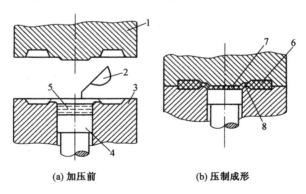

(a) 加压前　　　　　(b) 压制成形

图 3-42 平冲头下加压法

1—上模（冲头）；2—定量勺；3—下模（凹模）；4—下平冲头；5—储液室；6—液锻件；7—余料；8—浇口

(六) 粉末锻造

粉末锻造是将金属粉末经压实后烧结，再将烧结体作为锻造毛坯进行锻造的一种粉末冶金与精密模锻相结合的加工方法，其工艺流程如图 3-43 所示。由图还可以看出，粉末锻造工艺还可以进一步分为粉末冷锻、锻造烧结、烧结锻造和粉末锻造。与传统的锻造方法相比，粉末锻造的优点是能源消耗低，材料利用率高，制品尺寸精度高，力学性能好，内部组织无偏析，且各向同性。与普通模锻相比的具体优点示于表 3-5。粉末锻造的产品已广泛应用于汽车工业和运输机械行业。

表 3-5　粉末锻造与普通模锻锻件特性比较

对比项目	普通模锻	粉末锻造
100mm 的尺寸精度	±1.5mm	±0.2mm
制品质量波动	±3.5mm	±0.5mm
初加工毛坯材料利用率	70%	99.5%
制品材料利用率	45%	80%

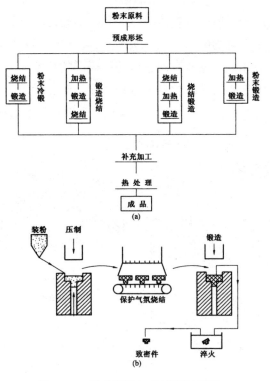

图 3-43　粉末锻造工艺过程及简图

粉末锻造对原料粉末的纯度要求比普通粉末冶金材料严格，普通粉末冶金制品由于孔隙的存在，少量杂质对材料或制品性能的影响不太显著，而粉末锻件由于其密度已接近材料的理论密度，因此，杂质的影响就十分明显。另外，氧化物质量分数对材料的抗拉强度、延展性以及抗疲劳性能影响非常显著，所以，一般在锻造之前应进行还原处理，在烧结和变形前也应采用还原气体保护，以提高粉末原料的纯度。

参考文献

[1] 国家自然科学基金委员会，中国科学院．未来 10 年中国学科发展战略：空间科学 [M]．北京：科学出版社，2012．

[2] 褚桂柏．航天技术概论 [M]．北京：中国宇航出版社，2002．

[3] 关慧贞，冯辛安．机械制造装备设计 [M]．3 版．北京：机械工业出版社，2010．

[4] 黄鹤汀．机械制造装备 [M]．2 版．北京：机械工业出版社，2010．

[5] 于本水．防空导弹总体设计 [M]．北京：中国宇航出版社，1995．

[6] 于翘．材料工艺 [M]．北京：中国宇航出版社，1989．

[7] 黄开榜．金属切削机床 [M]．2 版．哈尔滨：哈尔滨工业大学出版社，2006．

[8] 张芙丽，张国强．机械制造装备及其设计 [M]．北京：国防工业出版社，2011．

[9] 陈立德．机械制造装备设计 [M]．北京：国防工业出版社，2010．

[10] 王心清．结构设计 [M]．北京：中国宇航出版社，1994．

[11] 文怀兴，夏田．数控机床系统设计 [M]．2 版．北京：化学工业出版社，2011．

[12] 王云．航空航天概论 [M]．北京：北京航空航天大学出版社，2009．

[13] 刘正川．控制系统设备制造技术 [M]．北京：中国宇航出版社，1992．

[14] 车剑飞，黄洁雯，杨娟．复合材料及其工程应用 [M]．北京：机械工业出版社，2006．

[15] 钟万登．液浮惯性器件 [M]．北京：中国宇航出版社，1994．

[16] 龙乐豪．总体设计 [M]．北京：中国宇航出版社，1989．

[17] 丘哲明．固体火箭发动机材料与工艺 [M]．北京：中国宇航出版社，1995．

[18] 袁家军．卫星结构设计与分析 [M]．北京：中国宇航出版社，2004．

[19] 杨炳渊．航天技术导论 [M]．北京：中国宇航出版社，2009．

[20] 高慎斌．卫星制造技术 [M]．北京：中国宇航出版社，1998．

[21] 黄立德．发动机制造技术 [M]．北京：中国宇航出版社，1990．

［22］ 徐福祥．卫星工程概论［M］．北京：中国宇航出版社，2003.

［23］ 王立工．防空导弹地面设备总体工程［M］．北京：中国宇航出版社，1996.

［24］ 易维坤．航天制造技术［M］．北京：中国宇航出版社，2003.

［25］ 余金培，杨根庆，梁旭文．现代小卫星技术与应用［M］．上海：上海科学普及出版社，2004.